Metallniederschläge und Metallfärbungen

Praktische Anleitung für Galvaniseure und Metallfärber der Schmuckwaren- und sonstiger Metall verarbeitenden Industrien

von

Dipl.-Ing. **F. Michel**

Direktor der staatlichen Probieranstalt, Lehrer an der Kunstgewerbeschule in Pforzheim

Mit 13 Abbildungen

Berlin
Verlag von Julius Springer
1927

ISBN-13: 978-3-642-90111-9 e-ISBN-13: 978-3-642-91968-8
DOI: 10.1007/978-3-642-91968-8

Vorwort.

Erfahrungsgemäß will der Praktiker zur Ausführung seiner Arbeiten bei einer Anweisung, soweit er einer solchen bedarf, nicht viel theoretische Erklärungen, sondern meist nur Angaben, wie er auf diesem oder jenem Wege zum Ziel kommen kann. Vorliegendes Buch soll dem Rechnung tragen und neben den notwendigen, zum besseren Verständnis dienenden, wenigen Ausführungen möglichst nur Anleitungen geben, bei deren Befolgung wohl stets ein sicherer Erfolg zu verzeichnen sein wird. So bietet zwar das Buch an Rezepten nur eine verhältnismäßig sehr beschränkte Zahl, aber diese Rezepte sind durchweg vom Verfasser für die betreffenden Zwecke ausprobiert und neben vielen andern als absolut brauchbar festgestellt worden.

Pforzheim, im Januar 1927.

F. Michel.

Inhaltsverzeichnis.

A. Metallüberzüge mit und ohne elektrischen Strom.

B. Metallfärbungen.

Berichtigung.

S. 9 Zeile 16 von oben: lies: „ccm" — statt „ccbm"

S. 41 Zeile 14 von unten: nach „Eisenteilen" soll kein Komma stehen

S. 52 Zeile 6 von oben: lies: „eventuell" — statt „eventuelll"

S. 58 Zeile 4 von oben: nach „unnötig" soll kein Komma stehen

S. 62 Zeile 15 von unten: lies: „zyankalihaltige" — statt „cyankalihaltige"

S. 89 Zeile 12 von unten: lies: „Ware" — statt „Wage"

S. 133 Zeile 15 von unten: lies: „elektrolytischen" — statt „elektrolytischem"

S. 133 Zeile 2 von unten: lies: „manchen Gegenständen" — statt „manche Gegenstände"

S. 134 Zeile 5 von unten: lies: „Stange, an welcher" — statt „Stangen, an welchem"

S. 135 Zeile 10 von unten: lies: „kieselfluorsaurem" — statt „kieselfluorsaures"

A. Metallüberzüge mit und ohne elektrischen Strom.

I. Metallüberzüge mit Hilfe des elektrischen Stromes.

1. Einleitung.

a) Einführung in einige chemische Vorgänge.

Zum besseren Verständnis der chemischen und elektrolytischen Vorgänge, welchen wir bei Durchführung unserer Aufgabe begegnen, ist ein geringes Eingehen auf einige Grundbegriffe der Chemie sowie eines Zweiges der Physik, nämlich der elementarsten Kenntnisse über die Art, Herstellung, Wirkung usw. des elektrischen Stromes notwendig.

Die Chemie beschäftigt sich mit dem inneren Aufbau, d. h. der Zusammensetzung der uns umgebenden Körper, denn fast alle diese bestehen nicht aus einem einheitlichen Stoff, sondern sind entweder wie die Luft Gemische verschiedener Elemente oder sogenannte chemische Verbindungen solcher und vieler anderer Elemente, hierher gehört das Wasser und der übrige Teil der Erde, soweit wir diese zu erforschen imstande sind. Auch die Pflanzen- und Tierwelt ist in ihrer chemischen Zusammensetzung Studium der Chemie, doch ein ganz besonderer Zweig derselben, der sogenannte organische, mit dem wir uns hier aber nicht im geringsten beschäftigen können. Es ist schon das Wort Element erwähnt, und wir bezeichnen in der Chemie damit einen Stoff, welcher sich nicht mehr in andere Stoffe zerlegen läßt und welcher demgemäß auch nicht aus anderen Stoffen aufgebaut oder zusammengesetzt werden kann. Derartige Grundstoffe oder Elemente gibt es etwa über 80 und es bleibt immer weiter forschenden Chemikern vorbehalten, noch einige derartige Körper zu entdecken, welche es ohne Zweifel gibt. Die moderne Chemie steht zwar größtenteils auf dem Standpunkte, daß es nur ein Urelement gibt, und bis jetzt als Elemente angesehene Stoffe nur Zusammensetzungen in verschiedener Menge des Urelements sind und nur auf diese Weise ihre verschiedenen Eigenschaften erhalten. Wäre dies richtig, so müßte man ja aus jedem sogenannten Element schließlich die anderen Elemente herstellen können durch Umlagerungen des in ihnen enthaltenen Urelements. Wenn die in jüngster Zeit angeblich erfolgten Herstellungen von Gold aus Quecksilber den weiteren wissenschaftlichen Untersuchungen wohl nicht absolut standhalten werden, so dürfte dies doch nicht an der modernen Auffassung der Chemie rütteln, nämlich, daß wir einem Urelement das Dasein aller unserer Elemente zu verdanken haben. Vorläufig müssen wir aber an der Existenz der oben erwähnten etwa 80 Elemente festhalten und mit diesen oder wenigstens einem Teile derselben unsere chemischen Betrachtungen durchführen.

Von diesen Elementen sind die meisten fest, zwei sind flüssig, das sind Quecksilber und Brom, und etwa ein halbes Dutzend oder mehr sind gasförmig. Zu letzteren gehören die beiden Elemente, welche unsere Luft bilden, das sind der Stickstoff (79 Volumenteile) und der Sauerstoff (21 Volumenteile). Die Luft enthält aber stets noch verschiedene Mengen an kleinen Beimischungen, wie Wasserdampf, Kohlensäure, öfters Schwefelwasserstoff, Staubteilchen usw. Der Stickstoff der Luft ist ein sogenannter indifferenter Körper, d. h. er hat nicht die Fähigkeit, irgendwelche Beeinflussung auf andere Körper auszuüben oder mit ihnen eine chemische Verbindung einzugehen. Anders ist dies mit dem Sauerstoff; dieser wirkt besonders als Ozon, d. i. in der Luft vorkommender verdichteter Sauerstoff, oder auch für sich oder zusammen mit den in der Luft sonst noch vorkommenden kleinen Beimengungen leicht auf andere Körper ein.

So z. B. wird metallisches Eisen in Eisenrost verwandelt und Kupfer überzieht sich mit Patina, Edelrost genannt. Organische Produkte, wie Holz, Kohlen, Erdöl usw. werden, sobald sie oder ein kleiner Teil derselben auf eine bestimmte Temperatur gebracht sind, mit Hilfe des Sauerstoffs der Luft verbrannt, d. h. unter Feuererscheinung verwandeln sich die im Holz usw. enthaltenen Kohlen- und andere Teilchen mit Sauerstoff zu Sauerstoffverbindungen, wie Kohlenoxyd, Kohlensäure, Wasserdampf usw., welches Gase sind, die man mit dem Auge nicht wahrnehmen kann. Auch Metalle verbrennen unter Feuererscheinung genau so wie

Holz usw., z. B. Magnesium (Blitzlicht) und auch Eisen, wenn letzteres allerdings erst mit einem Knallgasgebläse an einer Stelle auf eine sehr hohe Temperatur erhitzt und dann mit reinem Sauerstoff weiter behandelt wird.

Sauerstoff findet sich aber nicht nur in der Luft, sondern ist auch in der Erdkruste, wozu auch das Wasser gehört, in großen Mengen vorhanden, allerdings nicht als Gas, sondern an andere Körper gebunden. Das Wasser ist z. B. zusammengesetzt aus 2 Teilen Wasserstoff (chemische Bezeichnung H) und 1 Teile Sauerstoff (chemische Bezeichnung O), daher schreiben wir für Wasser als chemische Formel H_2O, d. h. 2 Liter Wasserstoffgas (auch ein Element) verbindet sich mit 1 Liter Sauerstoffgas zu der Flüssigkeit Wasser, und da eine bestimmte Menge Sauerstoff 16 mal so viel wiegt wie die gleiche Menge Wasserstoff, so sind mithin im Wasser dem Gewichte nach auf 2 Gewichtsteile Wasserstoff 16 Gewichtsteile Sauerstoff enthalten oder Wasser besteht aus 88,88 Gewichtsteilen Sauerstoff und 11,11 Gewichtsteilen Wasserstoff.

Sauerstoff hat die Eigenschaft sich mit allen anderen Elementen zu verbinden, nur nicht mit dem Element Fluor. Wenn wir das Element Schwefel (chemische Bezeichnung S) mit Sauerstoff verbinden, z. B. durch Verbrennen, so geschieht dies, indem immer 1 Teil Schwefel 2 Teile Sauerstoff an sich bindet, wir erhalten somit SO_2, d. i. schweflige Säure, ein stechend riechendes Gas. Kommt dann noch 1 Teil Sauerstoff = O hinzu, also $SO_2 + O$, so ergibt sich SO_3. In der Praxis wird gleichzeitig auch hier noch Wasser, also H_2O, hinzugebracht und es entsteht somit $SO_3 + H_2O = H_2SO_4$, dies ist die Schwefelsäure, auch Vitriolöl genannt. So haben wir auch Verbindungen des Sauerstoffs mit Phosphor, d. i. Phosphorsäure H_3PO_4, mit Bor Borsäure H_3BO_3, mit Arsen Arsensäure H_3AsO_4, mit Kohle Kohlensäure CO_2 usw. Auch Stickstoff kommt mit Sauerstoff verbunden vor, d. i. Salpetersäure HNO_3. Diese Säuren werden Sauerstoffsäuren genannt, eben wegen ihres Gehaltes an Sauerstoff. Eine andere Sorte Säuren sind die Wasserstoffsäuren, da hier kein Sauerstoff, aber das Element Wasserstoff vorhanden ist, z. B. in H_2S Schwefelwasserstoffsäure oder in Chlorwasserstoffsäure oder Salzsäure HCl usw. Alle Körper, welche mit Wasserstoff Säure bilden, bilden auch mit Sauerstoff Säuren. Eine Ausnahme hiervon machen nur das Fluor, welches zwar mit Wasserstoff die Fluorwasserstoffsäure HFl oder die Flußsäure bildet, aber sich mit Sauerstoff überhaupt nicht verbindet, und der Stickstoff, welcher mit Wasserstoff verbunden keine Säure, sondern eine sogenannte Base, das Ammoniak NH_3 liefert. Alle Körper, welche Säure zu bilden imstande sind, nennt man Metalloide oder Nichtmetalle. Zu diesen zählen die Elemente: Chlor = Cl, Brom = Br, Jod = J, Fluor = Fl, Schwefel = S, Selen = Se, Tellur = Te, Stickstoff = N, Phosphor = P, Arsen = As, Antimon = Sb, Kohlenstoff = C, Silizium = Si, Bor = B und andere. Im Gegensatz dazu stehen die Metalle, und zwar sind dies: Kalium = Ka, Natrium = Na, Calcium = Ca, Strontium = Sr, Barium = Ba, Magnesium = Mg, Zink = Zn, Kadmium = Cd, Aluminium = Al, Chrom = Cr, Wolfram = Wo, Silber — Argentum = Ag, Kupfer = Cu, Gold Aurum = Au, Quecksilber = Hg, Blei = Pb, Wismut = Bi, Zinn = Sn, Platin = Pt, Palladium = Pd, Iridium = Ir, Osmium = Os und noch andere. Diese bilden, mit Sauerstoff verbunden, sogenannte Basen oder Metalloxyde. Oxyd ist überhaupt die Verbindung eines Körpers, d. h. Elementes mit dem Element Sauerstoff; den chemischen Vorgang bei der Entstehung dieser Verbindung nennt man Oxydationsprozeß; man spricht sonach vom Oxydieren eines Körpers. Es soll gleich hier darauf hingewiesen werden, daß das in der Bijouteriebranche angewendete Wort „Oxydieren" durchaus nicht mit dem in der Wissenschaft gebräuchlichen gleichen Wort identisch ist. Das im Schmuckgewerbe häufig erwähnte Oxydieren ist meist ein Schwefeln des betreffenden Metalles, z. B. von Silber und auch Eisen und Kupfer. Die Oxydationsprodukte der Metalloide sind Säuren und die Oxydationsprodukte der Metalle sind Basen. Es gibt auch hier wenige Ausnahmen, so die erste Oxydationsstufe des Kohlenstoffs (C), d. i. CO = Kohlenoxydgas, sowie auch das Oxydationsprodukt des Wasserstoffs, d. i. H_2O oder Wasser. Diese Körper sind weder Säuren noch Basen, sondern sie sind neutral. Die Einteilung der Elemente in Metalle und Metalloide ist keine streng wissenschaftliche und scharfe, denn einige Elemente besitzen die Eigenschaften beider Klassen. Nur sei noch erwähnt, daß die Metalle nicht sich mit H verbinden. Die meisten Körper bilden verschiedene Oxydationsstufen, d. h. eine und dieselbe Menge eines Elements kann sich mit verschiedenen, aber ganz bestimmten Mengen Sauerstoff verbinden, z. B. Kohlenstoff liefert CO, d. i. Kohlenoxyd und CO_2, d. i. Kohlensäure; oder Eisen (Fe) liefert FeO, d. i. Eisenoxydul und Fe_2O_3, d. i. Eisenoxyd. Herbeigeführt wird die Oxydation durch den Sauerstoff der Luft oder durch sauerstoffabgebende Reagenzien wie Salpeter usw. Wird einem Oxyd Sauerstoff entzogen, so sagt man, es tritt eine Reduktion ein, z. B. wird Fe_2O_3 mit etwas Kohle erwärmt, so entzieht letztere dem Eisenoxyd einen Teil des Sauerstoffs und wir erhalten Eisenoxydul, und zwar ist der chemische Vorgang $Fe_2O_3 + C = CO$ (Kohlenoxyd) $+ Fe_2O_2$ oder 2 FeO (Eisenoxydul.) Derart kann aber auch bei Anwesenheit von genügend Kohlenstoff dem entstandenen Eisenoxydul der letzte Sauerstoff entzogen werden und zwar $FeO + C = Fe + CO$. Wir erhalten somit metallisches Eisen. Natürlich hat hier neben der Reduktion des Eisenoxyds bzw. des Eisenoxyduls die Oxydierung des Kohlenstoffs stattgefunden.

Eine Säure ist gekennzeichnet durch ihren sauren Geschmack, während eine Base herbe und ätzend schmeckt. Wir nehmen indes zur Feststellung, ob wir eine Säure oder Base bzw. eine saure oder basische Flüssigkeit vor uns haben, nicht unsere Zunge zu Hilfe, sondern wir bedienen uns eines sehr einfachen Mittels, und das ist käufliches Lakmuspapier. Von diesem halten wir die beiden Sorten rotes und blaues vorrätig. Das blaue wird von Säuren rot gefärbt und das rote wird von Basen blau gefärbt. Neutrale Lösungen und reines Wasser verändern weder rotes noch blaues Lakmuspapier. Bringt man Basen und Basen oder nur Säuren und Säuren zusammen, so resultieren jeweils nur Gemische von Basen oder Säuren; sobald man jedoch Basen und Säuren zusammenbringt, verlieren in diesem Gemisch beide Komponenten vollständig ihren Charakter, sie gehen chemische Verbindungen ein, d. h. sie bilden ganz neue Körper, welche wir als Salze bezeichnen, z. B. Salzsäure (HCl) und Natronlauge (NaOH) liefern Kochsalz (NaCl) und Wasser (H_2O), chemisch ausgedrückt $HCl + NaOH = NaCl + H_2O$; oder Schwefelsäure (H_2SO_4) und Kupferoxydul (CuO) geben Kupfervitriol ($CuSO_4$) und Wasser ($H_2SO_4 + CuO = CuSO_4 + H_2O$).

So können wir aus den vielen uns zu Gebote stehenden Säuren mit Hilfe der verschiedenen Metalloxyde große Reihen von Salzen erzeugen, welche aber bei weitem nicht alle eine besondere Bedeutung oder Verwendung haben. So gibt z. B. Natron (Na_2O) und Schwefelsäure (H_2SO_4) das bekannte Glaubersalz $Na_2SO_4 + H_2O$, oder Eisenoxydul (FeO) und Schwefelsäure (H_2SO_4) gibt $FeSO_4$, d. i. Eisenvitriol, oder Silber (Ag) und Salpetersäure (HNO_3) gibt salpetersaures Silber $AgNO_3$, auch Höllenstein genannt. Durch Umsetzung können dann auch aus zwei Salzen wieder zwei andere Salze gebildet werden, z. B. aus salpetersaurem Silber oder Höllenstein ($AgNO_3$) und Kochsalz (NaCl) entsteht Chlorsilber (AgCl) und salpetersaures Natrium ($NaNO_3$) usw.

Eine ganz bestimmte Säuremenge erfordert natürlich auch immer eine ganz bestimmte Menge einer Base, damit restlos diese beiden zu einem Salz zusammentreten. Ist dies der Fall, dann wird die Lösung dieses Salzes auch kein Lakmuspapier umfärben, d. h. wir haben ein neutrales Salz. Ist aber bei Herstellung eines Salzes einer der beiden Komponenten im Überschuß, so werden wir demgemäß auch ein entsprechendes Salz oder eine entsprechende Lösung erhalten, z. B. wenn wir zu einer Kalilauge (KOH) eine größere als notwendige Menge Schwefelsäure bringen, derart aber, daß auf ein KOH ein H_2SO_4 käme, so würde sich bilden $KHSO_4 + H_2O$, oder um die Sache klar zu machen, wenn wir die Formeln jeweils verdoppeln, d. h. wir würden sagen $2\,KOH + 2\,H_2SO_4 = 2\,KHSO_4 + 2\,H_2O$ und uns nun dieses Salz $2\,KHSO_4 = K_2H_2S_2O_8$ näher ansehen, so können wir für dasselbe ja auch schreiben $K_2SO_4 + H_2SO_4$. Wir sehen, daß also hier in dem Salz noch freie Schwefelsäure enthalten ist, und wir nennen daher dieses Salz auch saures schwefelsaures Kali, zum Unterschied von neutralem schwefelsaurem Kali, welches die Zusammensetzung K_2SO_4 hat, also keine freie Schwefelsäure enthält. Die Lösung eines derartigen sauren Salzes färbt natürlich auch blaues Lakmuspapier rot. Im Gegensatz zu diesen sauren Salzen gibt es solche, bei denen nicht genügend Säure vorhanden ist, um die vorhandene Base restlos in ein Salz umzuwandeln, bei denen also ein Überschuß der Base vorhanden ist. Die Lösung derartiger Salze färbt natürlich rotes Lakmuspapier blau und wir sprechen dann von basischen Salzen.

b) Elektrischer Strom.

Zu den galvanischen Niederschlägen benötigen wir den elektrischen Strom. Über das ureigentlichste Wesen desselben sind wir noch nicht völlig im klaren, wenngleich wir seine Wirkungen uns in weitestem Maße nutzbar zu machen suchen (Licht, Wärme, Magnetismus, chemische Trennungen usw.). Nach dem heutigen Stand der Wissenschaft nehmen wir an, daß in jedem Körper eine gewisse Kraft aufgespeichert liegt, welche im gegebenen Moment sich geltend macht, sobald ein bestimmter Anstoß dafür vorhanden ist. Reiben wir z. B. Bernstein, Glas oder Schwefelstangen mit einem wollenen Tuch, so sehen wir, daß diese Körper kleine leichte Papierstückchen oder Hollundermarkkügelchen an sich ziehen, was sie vorher nicht zuwege brachten. Wir sagen, die Körper wären jetzt elektrisch geworden, d. h. wir haben die in ihnen schlummernde Kraft erweckt. Richtiger ausgedrückt müßte man sagen, die in den Körpern enthaltenen elektrischen Energien seien jetzt in ihre Teile, nämlich positive und negative Elektrizität zerlegt worden, und diese einzelnen Teile sind nun fähig, ihre Kraft zu entfalten. Nach kurzer Zeit haben sich diese beiden getrennten verschiedenen Energien in dem Körper wieder vereinigt und wir sagen dann, der Körper wäre wieder unelektrisch. Können wir nun die in einem Körper getrennten elektrischen Energien aus dem Körper herausziehen und irgendwie aufspeichern, wenn auch in nicht großen Mengen, wie wir das tatsächlich in den sogenannten Leydener Flaschen zuwege bringen, so können wir den Ausgleich dieser zwei elektrischen Energien mit dem Auge beobachten, indem der Ausgleich bei bestimmter Anordnung der Apparate durch Überspringen heller Funken vor sich geht, wie wir das in der Natur am Blitz beobachten, der die elektrische Energie der Wolken mit derjenigen von ihr verschiedenen der Erde ausgleicht.

Auch jedes chemische Element hat eine derartige elektrische Energie in sich, die aber nun bei den verschiedenen Elementen verschieden stark ist, es ist dies wie der Physiker sagt, das jedem Element anhaftende eigentümliche elektrische Potential. Nach der Stärke dieses Potentials sind nun die Elemente in folgende Reihe geordnet, und zwar beginnend mit demjenigen mit der schwächsten Energie: Sauerstoff, Schwefel, Stickstoff, Chlor, Brom, Jod, Phosphor, Arsen, Chrom, Bor, Kohlenstoff, Antimon, Silizium, Wasserstoff, Gold, Platin, Quecksilber, Silber, Kupfer, Wismut, Zinn, Blei, Cadmium, Nickel, Eisen, Zink, Mangan, Aluminium, Magnesium, Calcium, Strontium, Barium, Natrium,

Kalium. In dieser sogenannten Spannungsreihe bezeichnen wir das schwächere Element als negativ dem stärkeren gegenüber und umgekehrt, die stärkeren als positive den schwächeren gegenüber. So ist Sauerstoff als schwächstes Element allen übrigen gegenüber negativ, während Kalium als stärkstes allen übrigen gegenüber positiv ist. Innerhalb der Reihe gilt nun das gleiche Verhältnis. So ist z. B. Kupfer dem Silber gegenüber positiv, aber dem Zink gegenüber negativ. Das Stärkenverhältnis des Kupfers zum Silber bzw. zum Zink kann jedermann an einem sehr einfachen Versuch ersehen. Nehmen wir z. B. eine wässerige Lösung von salpetersaurem Silber, d. i. Höllenstein, und tauchen wir in dieselbe ein Stückchen blankes Kupfer, etwa ein Blech, so können wir schon im ersten Augenblick beobachten, wie sich das Kupfer mit einer Silberschicht überzogen hat und nach kurzer Zeit sehen wir, daß in der Flüssigkeit sich ganze Flocken von metallischem Silber ausscheiden. Nach geraumer Zeit ist dann das sämtlich in Lösung gewesene Silber ausgefällt. Der Chemiker nennt diesen Vorgang Auszementation des einen Metalles mittels eines anderen, d. h. elektropositiveren. Das hier ausgeschiedene Silber nennt er demgemäß auch Zementsilber. Der Vorgang bei dieser Auszementation ist der, daß das stärkere Kupfer nach und nach das Silber aus der Lösung herausgeworfen, d. h. von der mit ihm verbunden gewesenen Salpetersäure hinweggedrängt und sich an dessen Stelle gesetzt hat. Die Färbung der Flüssigkeit läßt uns dies auch leicht erkennen, denn war zu Anfang diese wasserhell, so erscheint sie zum Schluß blaugrün gefärbt. Hier war also ersichtlich das Kupfer das stärkere, also elektrisch positivere, und das Silber das schwächere, also das elektronegativere Element. Nehmen wir nun diese blaue salpetersaure Kupferlösung oder auch eine solche von Kupfervitriol (schwefelsaures Kupfer) und tauchen in dieselbe ein Stück blankes Zink, so sehen wir, daß im ersten Augenblick sich das Zink rot überzieht von ausgeschiedenem Kupfer und daß wir nun den gleichen Vorgang wie vorher auch hier beobachten können, nur daß jetzt das Kupfer als Metall aus der Lösung herausgedrängt oder auszementiert wird und das Zink sich an dessen Stelle setzt. Die blaue Lösung wird nach und nach wieder wasserhell, bis das letzte Kupfer ausgefällt ist. Hier ist nun das Kupfer das negativere, also schwächere Element und das Zink das stärkere, also positivere Element. Die Kraft, mit der das Zink das Kupfer aus der Lösung verdrängt, nennen wir die elektrische Spannung zwischen beiden Elementen; diese ist also die Differenz der den beiden Körpern, sagen wir G 1, innewohnenden elektrischen Potentiale und ist eine ganz bestimmte Größe. Ebenso haben wir zwischen Silber und Kupfer eine derartige Differenz von ebenfalls bestimmter Größe, sagen wir G 2. Es ist nun leicht ersichtlich, daß die Spannungsdifferenz von Zink zum Silber wohl gleich derjenigen vom Zink zum Kupfer, d. i. G 1 plus derjenigen von Kupfer zum Silber, d. i. G 2 sein müßte, also G 1 + G 2. Mit Hilfe eines geeigneten Spannungsmessers — des Voltmeters — können wir diese Feststellungen auch vollauf bestätigt finden.

Die Potentialdifferenz zwischen zwei Körpern ist natürlich unabhängig von der vorhandenen Menge dieser Körper, denn es ist gleichgültig, ob wir 1 cbm Kupferlösung und ein großes Quantum Zink hinzubringen oder ob wir nur 100 ccbm der Kupferlösung mit entsprechend weniger Zink zum Versuch verwenden, immer werden wir nur die gleiche Spannungsdifferenz, die einmal zwischen Kupfer und Zink herrscht, feststellen können. Anders ist es allerdings mit der Menge der verbrauchten Energie bestellt, denn es ist klar, daß zur Abscheidung einer großen Menge Kupfer aus seiner Lösung mittels Zink, eine erheblich größere Arbeit zu leisten ist, als wenn wir nur aus einem kleinen Quantum dies bewerkstelligen wollten. Diese Menge der elektrischen Energie können wir auch messen, und zwar mit Hilfe des Amperemeters. Um im allgemeinen überhaupt etwas zu messen, muß für jede Art eine sogenannte Maßeinheit geschaffen oder festgesetzt sein. Wie wir z. B. die Längen nach Metern, die Hohlmaße nach Litern und Gewichte nach Grammen messen, so hat man sich auch zur Messung des elektrischen Stromes auf ganz bestimmte Einheiten geeinigt. So nehmen wir die Elektrizitätsmenge, gleichviel woher sie stammt, welche imstande ist, in einer Stunde 1,184 g Kupfer abzuscheiden, als elektrische Mengeneinheit und nennen sie Ampere — mit der kurzen Bezeichnung A — benannt nach dem Physiker dieses Namens. Diese Elektrizitätsmenge = 1 Ampere ist auch imstande, in einer Minute soviel Wasser in seine Elemente Wasserstoffgas und Sauerstoffgas zu zersetzen, daß das Gemisch dieser beiden Gase (Knallgas genannt) 10 ccm beträgt bei normaler Temperatur und normalem Barometerstand, ganz genau allerdings 10,44 ccm. So wie wir hier eine Maßeinheit für die Elektrizitätsmenge geschaffen haben, so ist dies auch gleichfalls für die Stärke der Elektrizität oder des elektrischen Stromes gemacht worden. Eingeschaltet möge die Bemerkung werden, daß wir ja auch für die Fortleitung von Wasser, Dampf, Gas usw. einen gewissen Druck nötig haben, welchen diese Körper haben müssen, um einesteils an der Verbraucherstelle ihre Wirkung ausüben zu können und dann auch um den Widerstand zu überwinden, welchen ihnen das Leitungsmaterial, die Röhren, entgegensetzt. So müssen wir bei Fortleitung des elektrischen Stromes auch Widerstand überwinden, was eine gewisse Kraft erfordert. Haben wir z.B. eine Elektrizitätsmenge von 1 Ampere und wollen diese durch eine Quecksilbersäule von 1 qmm Querschnitt und von etwa 1 m Länge schicken, so haben wir eine elektromotorische Kraft nötig, welche wir mit einem Volt (kurze Bezeichnung V) bezeichnen. Wir sagen auch, die Spannung des elektrischen Stromes muß 1 Volt betragen, um den Widerstand einer Quecksilbersäule von 1 qmm Querschnitt und 1 m (genau 1,063 m) Länge zu überwinden. Man bezeichnet den elektrischen Widerstand einer derartigen Quecksilbersäule mit 1 Ohm.

Es ist schon erwähnt, daß die verschiedenen elektrischen chemischen Elemente ganz verschiedene elektromotorische Kräfte in sich haben. Wenn wir nun diesen Kräften Gelegenheit geben, aufeinander einzuwirken, so ist klar, daß die stärkere Kraft die schwächere überwindet und dies äußert sich dadurch, daß von dem Körper mit der stärkeren Kraft ein Strom, d. i. die Elektrizität, zum Körper mit der geringen Kraft fließt, vorausgesetzt natürlich, daß diese beiden Körper durch irgendein Mittel derart verbunden sind, durch welches die elektrische Kraft fließen kann. Die Erkenntnis und Feststellung dieser Tatsache hat zu einer Definition des elektrischen Stromes geführt, welche an sich wohl richtig, aber durchaus nicht das eigentliche Wesen des elektrischen Stromes zeigt. Diese Definition lautet: Der elektrische Strom ist das Fließen eines Fluidums von einem Punkt mit höherem Potential (+) nach einem Punkt mit niedrigerem Potential (—), sofern durch eine geeignete Leitung das Abfließen der Elektrizität von einem nach dem anderen Punkte möglich gemacht wird.

Ein einfaches Bild, wie der elektrische Strom zustande kommt, kann Abb. 1 zeigen. In ein Gefäß mit sehr stark verdünnter

Schwefelsäure tauchen je eine Platte Zink und Kupfer, außerhalb der Flüssigkeit sind die beiden Platten mit einem Draht verbunden. Innerhalb der Flüssigkeit macht sich die größere elektrische Energie des Zinks derart geltend, daß ein elektrischer Strom von diesem zum elektrisch schwächeren Kupfer geht. Dieser Strom geht nun außerhalb des Bades vom Kupfer aus durch den an dieses angeschlossenen Draht weiter, natürlich immer in derselben Richtungsfolge zum Zink zurück. Da nun der Strom vom Kupfer aus seine Richtung hat, und zwar durch den Druck, den das positive Zink ausübt, also von hier aus seine Energie, aber immer ausgehend vom Zink, betätigt, so bezeichnen wir den Anschluß des Drahtes an das Kupfer als stärkeren, d. h.

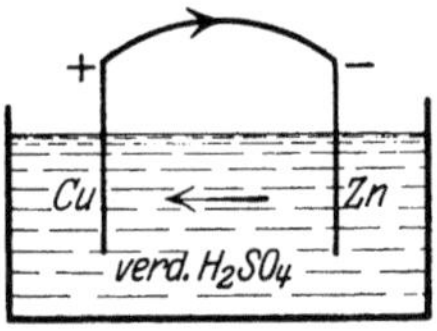

Abb. 1.

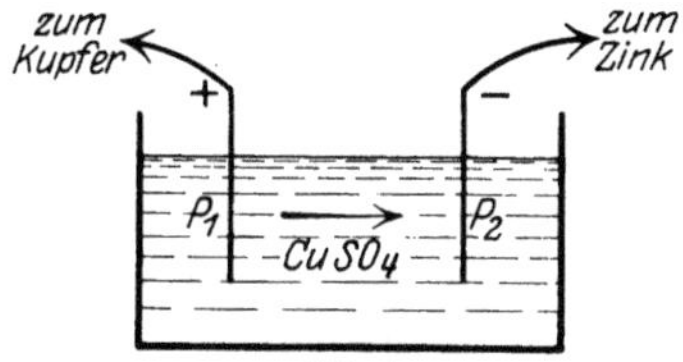

Abb. 2.

positiveren Pol, während demnach der Anschluß an das Zink als negativer Pol bezeichnet wird.

Unterbrechen wir an einer Stelle den Verbindungsdraht vom Kupfer zum Zink und schalten wir eine Arbeitsgelegenheit ein, wodurch der Strom nicht unterbrochen wird, sondern zur Betätigung gelangen soll, so können wir hier seine Wirkung beobachten. Nehmen wir z. B. wieder ein Gefäß (Abb. 2), welches aber hier mit Kupfervitriollösung ($CuSO_4$ in Wasser) gefüllt ist und in welche zwei Metallplatten etwa Platin P_1 und P_2 eintauchen. P_1 sei mit dem Drahtende, welches vom Kupfer, und P_2 mit demjenigen, welches vom Zink kommt, verbunden. Der vom Kupfer herkommende Strom geht also nun durch das Platinblech P_1 durch die Kupfervitriollösung zum Platinblech P_2 und zum Zink zurück. Wir haben aber nun schon früher gesehen, daß die Kraft oder das elektrische Potential des Zinks imstande ist, aus einer Kupferlösung das Metall Kupfer abzuscheiden. Dieselbe Kraft, welche nun hier durch die Kupfervitriollösung geht, übt nun seine Wirkung auch hier aus, nämlich indem sie aus der Lösung das Kupfer metallisch abscheidet, d. h. aus der Lösung herausdrückt, und zwar in der Richtung des elektrischen

Stromes, somit an das Platinblech P_2. Wir können beobachten, wie sich dieses Blech mit Kupfer überzieht, und ist genügend Kupfervitriol = $CuSO_4$ in Lösung, so wird die Kupferschicht immer stärker werden und die Flüssigkeit, welche vorher blau war, wird sich nach und nach entfärben zum Zeichen, daß sie immer kupferärmer wird.

Der vom Kupfer ausgehende Draht mit dem Platinblech P_1 wird als Anode bezeichnet, während das mit dem Zink verbundene Platinblech P_2 als Kathode bezeichnet wird. Der Strom geht somit von der Anode — dem positiven Pol — nach der Kathode — dem negativen Pol.

Wir hatten gesehen, wie der Strom auf seiner Wanderung durch die Kupfervitriollösung letztere zersetzte. So wird natürlich auch jede andere Metallsalzlösung und auch jede Säure, bei der Wasserstoff dann gleichsam als Metall gilt, durch den elektrischen Strom zersetzt. Der vom Metall oder von der Säure abgeschiedene Rest wandert nun zur Anode, um sich gegebenenfalls chemisch zu betätigen. Besteht die Kathode aus einem Metall, mit welchem dieser Rest eine chemische lösliche Verbindung einzugehen imstande ist, so wird sich diese Verbindung sofort bilden und in Lösung gehen.

Bei der in obigem Fall angegebenen Zersetzung des Kupfervitriols $CuSO_4$ durch den elektrischen Strom verblieb nach Abscheidung des Kupfers der Rest SO_4, welcher also zur Anode P_1 geht. Wäre diese aus Platin, so würde die SO_4-Gruppe kein Betätigungsfeld an derselben finden, und da dieser Säurerest für sich nicht existieren kann, so wird er mit dem Wasser, in welchem er sich befindet, in Reaktion treten derart, daß er demselben den Wasserstoff entzieht und Schwefelsäure bildet, wodurch Sauerstoff frei wird, nach dem Vorgang $SO_4 + H_2O = H_2SO_4 + O$. Der freigewordene Sauerstoff steigt an der Anode als Gasblasen aus der Flüssigkeit. Bestände aber nun die Anode aus Kupfer, so würde der Säurerest SO_4 sich davon soviel entnehmen, um wieder von neuem Kupfervitriol zu bilden, und zwar $SO_4 + Cu = CuSO_4$. In diesem Falle würden wir an der Anode keine Gasentwicklung feststellen können; wir würden zunächst von den in der Flüssigkeit vor sich gehenden Vorgängen weiter nichts wahrnehmen, als daß sich die Kathode mit rotem Kupfer überzieht. Nach einiger Zeit jedoch würden wir bemerken können, daß die

Anode immer schwächer, d. h. nach und nach ganz aufgelöst würde, während die Kathode dementsprechend immer stärker geworden wäre. Es ist also gleichsam das gesamte Kupfer der Anode hier zur Kathode gewandert.

Bei den allermeisten elektrolytischen Metallüberzügen wird man dann auch als Anode dasjenige Metall nehmen, welches auf der an der Kathodenseite aufgehängten Ware niedergeschlagen werden soll. Natürlich befindet sich auch dieses Metall in der Badflüssigkeit gelöst. Letztere wird auch Elektrolyt genannt, da sie vom elektrischen Strom zerlegt, d. h. elektrolysiert werden soll. Die Anoden und Kathoden werden auch Elektroden — negative und positive — genannt. Die durch den Strom erzeugten Zersetzungsprodukte des Elektrolyten werden Ionen genannt. Diese Ionen können einzelne Elemente oder Verbindungen von Elementen sein. Diejenigen Ionen, welche zur Anode gehen, werden Anionen und diejenigen, welche zur Kathode gehen, werden Kationen genannt. Die Anionen sind elektronegativ geladene Ionen, da sie zur positiven Elektrode wandern, während die Kationen elektropositiv geladen sind und demgemäß von der negativen Kathode angezogen werden; denn es gilt auch hier wie beim Magnetismus der Satz, daß sich die ungleichpoligen Kräfte gegenseitig anziehen. Bei den Salzlösungen ist also stets das basenbildende Element, das sind die Metalle, das Kation, während die Metalloide auch in Verbindung mit Sauerstoff die Anionen vertreten. Bei Säuren ist stets der Wasserstoff das Kation, während der Säurerest das Anion bildet.

Man nimmt an, daß bei den Salz- und Säurelösungen die Kationen und Anionen je eine bestimmte aber entgegengesetzte elektrische Energie besitzen, durch welche sie verhältnismäßig schwach zusammengehalten werden. Wird durch eine andere Kraft, wie den elektrischen Strom, diese Energie überwunden, so fällt der Zusammenhang auseinander und die Ionen trennen sich. Die verschiedenen Salze besitzen nun auch verschiedene Energien, bzw. die verschiedenen Ionen dieser Salze besitzen diese verschiedenen Energien des Zusammenhaltens und so erklärt sich auch die Tatsache, daß wir zur Elektrolyse verschiedener Salze auch vielfach verschiedene Energien benötigen. Als Beispiel sei hier schon vorweg erwähnt, daß man aus einem Gemisch einer Gold- und Silberlösung mit einem sehr schwachen

Strom, etwa von $^1/_2$ Volt Spannung, imstande ist, vorzüglich Silber abzuscheiden, während dies von Gold nur in geringerem Maße der Fall ist. Wenden wir aber einen kräftigeren Strom von etwa 3—4 Volt Spannung an, so wird nun erheblich mehr Gold abgeschieden, was sich dann an der gelblichen Farbe des Niederschlags bemerkbar macht.

Die Kraft, welche nötig ist, ein Salz oder auch eine Säure zu zersetzen, wird logischerweise auch Zersetzungsspannung genannt. Diese Zersetzungsspannung ist aber bei einem und demselben Salz unter verschiedenen Umständen auch verschieden; z. B. ändern sich die Umstände, ob mit löslicher oder unlöslicher Anode gearbeitet wird.

c) Galvanische Elemente.

Den Stromerreger, wie wir ihn in Abb. 1 angegeben haben, nennt man ein galvanisches Element. Derartige Elemente kann man nun in sehr verschiedener Weise zusammenstellen, wenn man immer zwei in der oben angeführten Spannungsreihe recht weit auseinanderliegende chemische Elemente in geeigneter Weise sich nutzbar macht. Aus Zweckmäßigkeitsgründen hat man allerdings nur wenige in der Praxis brauchbare galvanische Elemente in Anwendung, und zwar das Daniellsche Element, das Bunsesche Element, das Meidingersche Element und noch einige wenige andere.

Für das im Stromkreis eingeschaltete Arbeitsstück ist es natürlich gleichgültig, von welcher Quelle aus der Strom geliefert wird, ob von diesem oder jenem galvanischen Element, ob von einer Dynamomaschine oder von Akkumulatoren. Die Hauptsache dabei ist nur, daß der Strom für den beabsichtigten Zweck die genügende elektromotorische Kraft, d. h. die genügende Stromspannung — in Volt ausgedrückt — und die genügende Stromstärke, d. i. die Strommenge — in Ampere ausgedrückt — besitzt. Sowohl der Leitungsdraht mit seinen Verbindungsstellen an den Arbeitsstücken als auch ganz besonders die Flüssigkeit, in welcher der Strom seine Arbeit verrichten muß, setzen dem Strom einen gewissen Widerstand entgegen, welcher durch die dem Strom eigene Kraft überwunden werden muß. Auch kommt noch ein weiterer oft zu überwindender Widerstand in Frage, nämlich der Polarisationsstrom oder kurz die Polarisation genannt, worüber weiter unten Näheres folgen soll.

Die oben erwähnten galvanischen Elemente sind nun folgendermaßen zusammengestellt.

Das Daniellsche Element besteht aus weitem Glasgefäß, in welchem ein Zylinder aus Kupferblech steht und welches mit starker Kupfervitriollösung etwa halb gefüllt ist. Innerhalb des Kupferzylinders befindet sich ein oben offenes Gefäß aus porösem Ton. In dieser Tonzelle steckt ein entsprechend großer Zinkblock und sie wird mit verdünnter Schwefelsäure (auf 5 Teile Wasser 1 Teil konzentrierte Schwefelsäure) gefüllt. Vom Kupfer und Zink gehen Leitungsdrähte aus, und zwar vom Kupfer der positive und vom Zink der negative. Ein derartiges galvanisches Element hat die Spannung von 1,1 Volt = elektrische Kraft. Beim Bunsenschen Element ist das Kupfer durch Kohle ersetzt, welche in konzentrierte Salpetersäure taucht. Sonst ist die Anordnung die gleiche wie beim Daniellschen Element, doch hat das Bunsensche Element eine erheblich höhere Spannung, nämlich etwa 1,8 Volt.

Das Meidinger-Element hat auch wieder Kupfer und Zink als Erreger des Stromes, doch befindet sich hier ein Kupferblech in der unteren Hälfte eines Gefäßes, welches zum kleinen Teil mit konzentrierter Kupfervitriollösung gefüllt ist. In dieses Gefäß ragt ein Glasballon, oben weit, unten eng, aber offen, welcher mit Kupfervitriolkristallen und Wasser gefüllt ist. Ein Stück über dem Kupfer befindet sich ein Zinkblech, welches in Bittersalzlösung (schwefelsaures Magnesium) taucht. Die beiden Flüssigkeiten stehen also übereinander und werden durch ihre verschiedene Schwere getrennt gehalten. Vom Kupfer geht ein isolierter Leitungsdraht nach außerhalb des Gefäßes und ist der positive Pol. Die elektrische Kraft beträgt 0,95 Volt.

Eine äußerst viel angewendete Abänderung des Bunsen-Elements wird als Chromsäure-Element bezeichnet. Hier werden Kohle und Zink gemeinsam in eine Chromsäurelösung eingetaucht. Diese Chromsäurelösung besteht aus 1 Teil käuflicher kristallisierter Chromsäure, gelöst in 5 Teile Wasser, dem man ein wenig Schwefelsäure zugesetzt hat, oder man löst in 20 Gewichtsteile Wasser 3 Gewichtsteile doppelchromsaures Kali und setzt 10 Gewichtsteile Schwefelsäure zu. Da diese Elemente derart eingerichtet sind, daß man die Kohle und das Zink, welche an einem entsprechenden Gestell befestigt sind, in die Gläser mit der Chromsäurelösung beliebig eintauchen und wieder herausheben kann, nennt man diese Elemente auch Tauchbatterien. Wie dieser Name auch zeigt, hat man meist mehrere Elemente zu einer sogenannten Batterie vereinigt. Durch die Maßnahmen des Herausnehmenkönnens der stromgebenden Komponenten bleibt dieses Element in seiner Wirkung sehr lange erhalten. Ein derartiges Element hat eine Spannung von 2,3 Volt.

Bei all diesen Elementen wird das Zink nach und nach in Lösung überführt, und somit wird nach gewisser Zeit demgemäß das Element vollständig verbraucht. Um dem vorzubeugen, d. h. das Zink möglichst lange als Metall zu erhalten und so die Reaktionsfähigkeit des Elements beträchtlich zu verlängern, amalgamiert man das Zink, d. h. man überzieht oberflächlich das Zink mit Quecksilber. Hierbei verbindet sich das Zink mit diesem zu einem sogenannten Amalgam. Die einfachste Methode, das Zink oberflächlich zu amalgamieren, besteht darin, daß man das Zink ein paar Sekunden in eine wässerige Lösung von Quecksilberchlorid, auch Sublimat genannt (giftig), taucht, der man ein paar Tropfen Salzsäure hinzugesetzt hat. Nach längerem Gebrauch des Elements wird man vorteilhafterweise die Amalgation wiederholen.

Die erwähnten galvanischen Elemente werden in der Hauptsache nur dort in Anwendung gebracht werden, wo verhältnismäßig wenig Strom notwendig ist, also bei kleinen Anlagen für nicht zu große Objekte, und für solche, die nur eine etwas schwache Auflage erhalten sollen. Auch an Orten, wo nur schwierig Kraft zur Erzeugung des elektrischen Stromes zu erhalten ist, werden die galvanischen Elemente als Stromlieferanten verwendet werden müssen.

Ist man also nun aus diesem oder jenem Grunde auf galvanische Elemente angewiesen, so muß man sich bei Anschaffung und Benutzung derselben klar machen, welchen Zwecken dieselben zu dienen haben, denn es ist durchaus nicht der gleiche Strom für die verschiedenen Arten der Niederschläge notwendig bzw. angebracht. Z. B. benötigen wir für eine Versilberung einen erheblich niedrigeren Strom, als wie er meist für die Vergoldung gebraucht wird. Da man nun aber für jede Art von Niederschlägen nicht eine spezielle Anlage für den elektrischen Strom sich anschaffen will, so wird man suchen, mit einer einzigen Lieferquelle des Stromes auszukommen, indem man durch anderweitige Hilfsmaßnahmen denselben jeweils den Verhältnissen anpaßt. Diese sind nun derart, daß man im allgemeinen sagen kann, es wird gebraucht Strom

1. nicht stark, also bis 1,5 Volt a) mit wenig Stromstärke oder Amperezahl, b) mit größerer Stromstärke oder Amperezahl;

2. mittelstark, also 1,5—3 Volt a) mit wenig Stromstärke oder Amperezahl, b) mit großer Stromstärke oder Amperezahl;

3. stärker, also über 3 Volt, a) mit wenig Stromstärke oder Amperezahl, b) mit großer Stromstärke oder Amperezahl.

Den Strom 1a wird man anwenden für Silber und auch für Zink und Eisenniederschläge, wenn in nicht großen Bädern kleine Gegenstände mit einem Überzug versehen werden sollen.

Der Strom 1b dient für dieselben Niederschläge, jedoch wenn solche gleichzeitig auf eine größere Anzahl Gegenstände oder solchen größerer Dimensionen erfolgen soll.

Den Strom 2a wird man anwenden für Gold- und Zinnbäder bei kleinen einzelnen Gegenständen.

Den Strom 2b wird man bei denselben Bädern anwenden, wenn gleichzeitig entweder viel kleine oder größere Gegenstände überzogen werden sollen.

Den Strom 3a wendet man auch bei Goldbädern, und sonst bei Kupfer-, Messing-, Nickel- und Kobaltbädern an, für einzelne Gegenstände.

Den Strom 3b wendet man dann für dieselben Bäder aber für große Gegenstände an. Für Platin- und Palladiumbäder benötigt man einen Strom von etwa 5 Volt Spannung. Aber auch viele Vergolder verwenden einen solchen oder sogar noch höheren Strom.

Es fragt sich nun, wie kann man mit Hilfe von galvanischen Elementen sich verschiedene Stromarten herstellen?

Für den Strom 1a würde ein einzelnes Element genügen, aber nicht für die anderen Verhältnisse. Da müßte man dann zwei oder mehr Elemente zur Verfügung haben, und in der Tat hat man dann auch Zusammenstellungen bis acht oder noch mehr derselben, welche dann eine Batterie genannt werden. Mit Hilfe einer solchen kann man nun die verschiedensten Stromarten zusammenstellen, wie wir sie von 1a bis 3b etwa zeitweilig benötigen. Natürlich wird man zu einer Batterie immer nur Elemente derselben Sorte zusammenstellen. Jedes Element hat, wie oben angegeben, seine bestimmte Spannung und zwar in Volt ausgedrückt. Wollen wir nun die doppelte Spannung haben, so erreichen wir dies, wenn wir zwei Elemente miteinander verbinden derart, daß diese hintereinander geschaltet werden, und zwar geschieht dies, wenn wir das Zink des einen Elements mit dem Nichtzink des anderen Elements durch einen Metalldraht oder Metallband verbinden. Benötigen wir noch größere Spannungen, so können wir mit beliebig vielen Elementen derart fortfahren. Bei vier Elementen z. B. wäre die Hintereinanderschaltung wie die Abb. 3 zeigt. Hat man diese Anordnung etwa bei der Tauch-

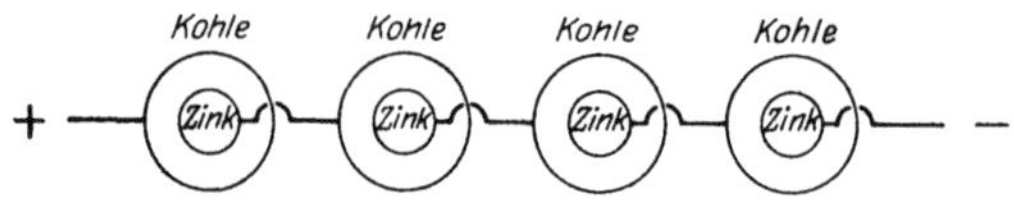

Abb. 3.

batterie (Chromsäureelemente) getroffen, so erhalten wir einen Strom von 4 × 2,3 = etwa 9 Volt. Natürlich muß von der Kohle des ersten und dem Zink des vierten Elements die Leitung des Stromes zur Arbeitsstätte, bzw. zur Messung zum Voltmeter entnommen werden. Die Stromstärke bleibt bei einer derartigen Anordnung der Elemente die gleiche, wie sie eines der Elemente liefert.

Benötigt man nun aber einen Strom von größerer Stromstärke, als ein einfaches Element abgibt, so muß die Anordnung der Verbindung zweier oder mehrerer Elemente eine andere sein. Für diesen Zweck muß man die Zinkteile sowie auch die Nichtzinkteile je miteinander verbinden. Wir erhalten dann je nach der Zahl der derart verbundenen Elemente das ebenso Vielfache dieser Zahl der Stromstärke, in Ampere, eines einzelnen Elements. Theoretisch könnte man den gleichen Effekt erzielen, wenn man Elemente herstellen würde, welche die entsprechend größeren Stücke Zink und Nichtzink oder in einem Element entsprechend viele Stücke Zink und Nichtzink enthalten würden.

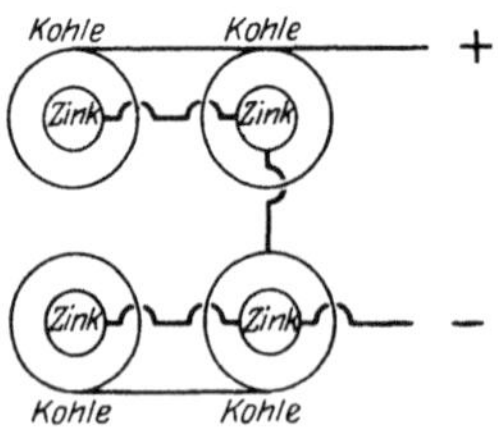

Abb. 4.

Jedoch aus Zweckmäßigkeitsgründen und wegen besserer Handlichkeit wählt man die Elemente von normaler Größe und stellt davon die entsprechende Anzahl zusammen. Natürlich kann man auch je nach Bedarf andere Gruppierungen zusammenstellen. Um z. B. nicht zu geringe Spannung und mittlere Stromstärke zu erhalten, kann man dann je zwei, drei oder vier Elemente nebeneinander parallel und solche Gruppen dann wieder hintereinander schalten, wie die Abb. 4 angibt, wo je zwei Elemente parallel geschaltet und diese beiden Gruppen dann hintereinander geschaltet sind. Wir erhalten demnach hier sowohl die doppelte Spannung als auch gleichzeitig die doppelte Stromstärke eines einzelnen Elements.

d) Akkumulatoren.

Bei all diesen erwähnten Elementen ist der eine Stromerreger das metallische Zink, welches sich aber im Laufe der Zeit in der von ihm umgebenen Säure- oder Salzlösung nach und nach auflöst, bzw. sich in ein lösliches Salz umwandelt. Es wird danach das ganze Element unbrauchbar und kann auch nicht durch irgendwelche Maßnahmen in seinen früheren Zustand oder zur weiteren Tätigkeit zurückversetzt werden. Anders hingegen ist dies bei einem Bleielement der Fall, welches nach seiner Entladung wieder in den vorigen Zustand zurückgeführt werden kann und nun wieder völlig wirksam ist, oder wie man sagt, das Element ist wieder geladen. Dieser Prozeß der Entladung und Wiederladung kann in ununterbrochener Reihe vorgenommen werden. Es findet hier kein Materialverbrauch statt, aber dafür benötigen wir eine Kraft = einen elektrischen Strom, welcher das ausgebrauchte Bleielement wieder in seinen tätigen Zustand zurückversetzt. Wir sehen, daß wir mit Hilfe des elektrischen Stromes ein Element laden können, welches dann von sich aus wieder Strom abzugeben imstande ist. Ein derartiges Element nennen wir Akkumulator oder Stromsammler, nur soll man sich vor der Auffassung hüten, als ob in diesem wirklicher elektrischer Strom aufgespeichert würde. Es werden lediglich durch den Strom die beiden Elementteile einesteils in Metallsuperoxyd und andernteils in Metall übergeführt, welche, nun aufeinander einwirkend, eine elektromotorische Kraft ausüben, welche ihrerseits einen Strom abzugeben imstande ist. Von Hause aus ist ein derartiges Bleielement zusammengesetzt aus einer Platte aus schwammigem, metallischem Blei und einer Platte Bleisuperoxyd

(PbO_2), welche sich in einem entsprechend großen Glasgefäß, gefüllt mit verdünnter Schwefelsäure von 1,2 spez. Gewicht, befinden. Werden nun außerhalb dieses Elements die beiden Platten miteinander verbunden, bzw. werden die an diese Platten befestigten Leitungsdrähte zu einer Arbeitsgelegenheit geführt, so daß dadurch ein geschlossener Stromkreis entsteht, so wirkt das metallische Blei als elektropositiv stärkerer Körper auf das Bleisuperoxyd, bzw. auf den Elektrolyten derart, daß ersteres in Bleioxyd und mit Hilfe des letzteren in schwefelsaures Blei überführt wird. Durch die Zersetzung des Elektrolyten wird aber das metallische Blei auch in schwefelsaures Blei übergeführt, so daß nach bestimmter Zeit beide Platten sich gleicherweise in schwefelsaures Blei umgewandelt haben, welche natürlich dann keine Einwirkung aufeinander mehr haben können.

Die Entladung des Akkumulators ist beendet und seine Wirksamkeit muß nun durch einen elektrischen Strom von außen wieder hergestellt werden, und zwar wird dazu wohl ausschließlich Strom einer entsprechenden Dynamomaschine verwendet werden. Der jetzt in umgekehrter Richtung durch den Akkumulator geschickte Strom wandelt wieder die eine Platte in metallisches Blei und die andere in Bleisuperoxyd um, wobei die an beiden Platten gebunden gewesene Schwefelsäure wieder frei wird. Der Elektrolyt, welcher aus verdünnter Schwefelsäure besteht, nimmt jetzt nun diese freigewordene Säure wieder auf und wird dadurch wieder schwerer, d. h. sein spezifisches Gewicht wächst. Vorher bei der Entladung des Akkumulators war dem Elektrolyt durch die Bildung des schwefelsauren Bleis Schwefelsäure entzogen worden und dadurch war das spezifische Gewicht des Elektrolyten entsprechend geringer geworden. Mit Hilfe eines Aräometers, schwerer wie Wasser, kann man aber leicht das spezifische Gewicht von Flüssigkeiten feststellen, und wenn dieselben eine bekannte Zusammensetzung (hier $H_2O + H_2SO_4$) haben, so ermittelt man nun durch das Leichter- bzw. Schwererwerden des Elektrolyten mittels des Aräometers inwieweit einmal im Akkumulator Schwefelsäure gebunden, d. h. der Akkumulator entladen wurde oder andernfalls beim Laden wieviel Schwefelsäure wieder frei wurde oder inwieweit die Ladung vor sich gegangen ist. Hat die Schwefelsäure im letzten Falle das spez. Gewicht von 1,2 wieder erreicht, so ist die Ladung beendet, da ja die ursprünglich im Elektrolyt vorhanden gewesene Säure jetzt wieder frei wurde. Daß die Ladung beendet ist, macht sich auch dadurch stark bemerkbar, daß eine heftige Gasentwicklung zum Schluß eingetreten war. Der Elektrolyt muß immer fingerbreit über den Platten stehen, und wenn die Flüssigkeit verdunstet oder durch häufiges Laden sich davon zersetzt hat, so muß mit sehr verdünnter Schwefelsäure von etwa 1,05 spez. Gewicht das fehlende ersetzt werden. Ein Akkumulator gibt nach frischer Ladung eine Spannung von 2,2—2,3 Volt, diese fällt aber nach kurzer Zeit auf 2,1 und 2 Volt, gegen Ende der Stromentnahme bis auf 1,80 Volt. Von diesem Punkt an soll kein Strom mehr entnommen werden, sondern es soll wieder frisch geladen werden. Benötigt man höhere Spannungen, so müssen in gleicher Weise wie bei den gewöhnlichen galvanischen Elementen die Akkumulatoren hintereinander geschaltet werden, wie z. B. bei Anlagen, die Strom zu Beleuchtungszwecken liefern sollen, hat man dann 50 und oft mehr derselben, um Spannungen von 100 Volt oder mehr zu erzielen. Braucht man indessen einen Strom von großer Stromstärke, also von hoher Amperezahl, wie z. B. bei galvanoplastischen Arbeiten, so muß man Parallelschaltungen vornehmen. In diesem Falle hängt man dann meist in ein und dasselbe entsprechend große Gefäß eine Reihe Platten für den positiven und abwechselnd für den negativen Strom derart ein, daß jede Sorte unter sich verbunden ist. Auch hat man dann meist viel größere Platten in entsprechend größeren Gefäßen, als wie bei Anlagen, die nur starken Strom, also viel Volt geben sollen, denn die große Oberfläche der Erzeugerplatten ist Bedingung für große Stromstärke. Natürlich können und werden auch derartige große Akkumulatoren hintereinander oder parallel geschaltet, gerade wie die Notwendigkeit vorliegt, stärkeren oder größeren Strom zu verwenden.

Die Wartung der Akkumulatoren ist im allgemeinen sehr einfach, denn sie beschränkt sich darauf, zu beobachten, daß die Ladung nicht zu weit getrieben wird, da sonst unnötig Kraft verbraucht und Elektrolyt zersetzt und durch das Kochen verschleudert wird, ferner daß die Entladung nicht zu weit getrieben wird, und daß nach einiger Zeit das verdunstete Wasser durch neues destilliertes Wasser, bzw. verspritzter Elektrolyt durch äußerst verdünnte reine Schwefelsäure ersetzt wird.

e) Dynamomaschinen.

Wie schon früher kurz erwähnt, ist der elektrische Strom imstande, Magnetismus zu erzeugen. Umgekehrt findet dasselbe statt, d. h. wir können mit Hilfe des Magnetismus auch elektrischen Strom erzeugen. Dieser Erkenntnis verdanken wir die Herstellung der Dynamomaschinen. Dies sind Apparate, welche uns den elektrischen Strom liefern, und zwar von allerkleinsten Abmessungen (Spielzeugen) bis zu solchen von ganz gewaltiger Größe. Das Prinzip der Dynamomaschine beruht darauf, daß Kupferdrahtwicklungen auf einen Eisenkern gezogen an Magneten vorübergeführt werden, wodurch in den Drähten ein elektrischer Strom rege gemacht wird. Je stärker die Magnete sind, um so stärker wird der erregte Strom sein. Daher wird der in den Drähten erregte Strom zum Teil um die Magnete geführt, wodurch diese wieder gestärkt, d. h. bedeutend gekräftigt und in ihrer Wirkung sehr erhöht werden. Auf diese Weise findet eine gegenseitige Steigerung der Wirkung dieser Teile der Maschinen bis zu einem gewünschten Punkte statt. Steht die Maschine auch still, so verbleibt doch stets im Magneten, auch Anker genannt, soviel von ihrer magnetischen Kraft, daß wieder beim Ingangsetzen der Maschine sich das gegenseitige oben angegebene Spiel der Übertragung der Kräfte erneuert. Es ist übrigens gleichgültig zur Erzeugung eines elektrischen Stromes, ob die Drahtwicklungen an festen Magneten vorübergeführt werden oder ob bewegliche Magnete an festen Drahtwicklungen vorübergeführt werden. Der bewegte Teil ist jedesmal auf eine Achse in entsprechender Weise befestigt derart, daß er mit dieser in ununterbrochener Folge am festen Teil sich vorbei bewegt, sowie sie überhaupt in Drehung versetzt wird. Die Kraft, welche letzteres besorgt, kann von verschiedentlichem Ursprung sein. In der Hauptsache kommen natürlich Dampf- und Wasserkräfte in Frage, aber auch Explosionsmotoren mit Kohle-, (Koks-), Gas-, Öl- und Benzinfeuerung, bis jetzt noch wenig der Wind. Für die verschiedenartigen Arbeiten, welche der elektrische Strom verrichten soll, hat man natürlich Dynamos mit den entsprechenden Einrichtungen. So ist die elektromotorische Kraft um so größer, je schneller der Anker gedreht wird, je mehr Windungen er besitzt und je stärker das magnetische Feld ist; wir erzielen also hiermit einen Strom von grßer Spannung, während wir einen solchen von größerer Stromstärke erhalten, wenn der Draht für die Windungen weniger zahlreich, dafür aber von stärkerem Durchmesser ist. Für die Zwecke der galvanischen Metallniederschläge kommen nur die letzten Maschinen in Frage, aber auch nur, wenn sie einen Gleichstrom liefern. Wir müssen nämlich bei den Dynamomaschinen zwei große Sorten derselben unterscheiden und zwar solche, welche einen Strom liefern, welcher ständig die Leitung in derselben Richtung durchläuft und solche, bei denen der Strom in unendlich kurzer Zeitfolge die Richtung ändert. Erstere sind die Gleichstrommaschinen und letztere die Wechsel- oder Drehstrommaschinen. Diese sind für unsere Zwecke direkt nicht verwendbar, da ja fortwährend die positiven und negativen Polenden sich ändern, vielmehr muß bei Vorhandensein desselben eine Änderung vorgenommen werden, und zwar geschieht dies durch sogenannte Umformer. Es sind dies Dynamomaschinen, welche durch den vorhandenen Strom in Bewegung gesetzt werden, und wo gleichzeitig entweder durch Kuppelung der Achse mit einer andern Dynamomaschine oder durch Aufmontierung einer entsprechenden Dynamomaschine auf dieselbe Achse nun so der für unsere Zwecke brauchbare Strom erzeugt werden kann. Auch ohne eine zweite Dynamomaschine kann man durch sogenannte Gleichrichter einen Wechsel- und auch Drehstrom in Gleichstrom umwandeln, doch findet hierbei ein größerer Strom-, also Kraftverlust statt, als bei den vorher erwähnten Umformern. Man kann sie auch nicht bei großen Energien anwenden. Allerdings haben die Gleichrichter den sehr großen Vorteil, daß sie keiner Wartung bedürfen und doch ununterbrochen arbeiten.

Nun kommt es aber auch vor, daß wir Gleichstrom zur Verfügung haben, aber ihn doch nicht für unsere Zwecke direkt verwenden können, weil er eine viel zu hohe Spannung hat. Nun könnte man ja sogenannte Widerstände, auf die wir später noch zu sprechen kommen, einschalten, wodurch die Spannung fast beliebig heruntergedrückt werden kann. Es geschieht dies eben dadurch, daß der größte Teil der elektromotorischen Kraft durch den Widerstand in Anspruch genommen, d. h. unwirtschaftlich verbraucht wird und für das eigentliche Arbeitsfeld nur ein Rest in Anwendung kommt. Man sieht hieraus, daß man mit einer sehr großen unnötigen Kraftverschwendung rechnen muß, die sich letzten Endes natürlich auch finanziell bemerkbar macht. Man wird infolgedessen also nur in Ausnahmefällen, wie für kurze Versuchszwecke oder dergleichen, zu diesem Hilfsmittel greifen. In den gewöhnlichen Fällen wird man zu den Transformatoren seine Zuflucht nehmen müssen. Es sind dies auch zwei Dynamomaschinen, welche aneinander gekuppelt sind und wobei die eine, zu welcher der hochgespannte Strom geleitet wird, als Arbeits- bzw. Antriebsmaschine dient, während die andere den für unsere Zwecke passenden Strom liefern muß. In der Elektrotechnik gibt es natürlich auch Fälle, bei welchen das umgekehrte stattfinden soll, daß nämlich ein niedergespannter Strom in einen hochgespannten verwandelt werden muß. Es ist dies notwendig, wenn der Strom auf weite Entfernungen geleitet werden soll, wozu dann erheblich dünnere Stromleitungen erforderlich sind, als wenn man den ursprünglichen Strom fortleiten wollte.

Bis jetzt ist stets davon gesprochen worden, daß sowohl Umformer wie Transformatoren als Aggregat gedacht wurden, d. h. daß Antriebs- und Strom abgebende Maschinen gekuppelt bzw. auf eine Achse montiert waren. Es kommt natürlich auch vor, daß die Antriebsdynamomaschine durch Riemenübertragung direkt oder erst mittels eines Vorgeleges die zweite Dynamomaschine in Bewegung setzt. Es müssen hierfür immer bestimmte Gründe vorliegen, z. B. daß nicht nur eine, sondern mehrere andere Dynamos bewegt werden sollen usw., denn es ist ja leicht ersichtlich, daß in diesem Falle durch die weite Übertragung Kraftverlust, besonders von Reibung herrührend, stattfinden muß.

Natürlich findet bei den Umformern und Transformatoren auch ein bestimmter Verlust, besonders durch Reibung statt, aber er ist bei weitem nicht so groß, wie bei der Riemenübertragung. Der Effekt soll theoretisch in beiden Maschinen der gleiche sein, wenn wir also eine Stromleitung mit 110 Volt haben und entnehmen derselben 2 Ampere Stromstärke, also 220 Volt-Ampere oder Watt, so können wir durch einen geeigneten Transformator uns einen Strom der gleichen Wattzahl aber mit geänderten Volt- und Amperezahlen herstellen, z. B. 11 Volt und 20 Ampere oder 22 Volt und 10 Ampere, aber immer so, daß die Wattzahl = Volt × Ampere immer 220 ergibt. Für jeden speziellen Fall muß den Verhältnissen Rechnung getragen werden,

z. B. ob wir eine große Verzinkungsanlage für Eisenbleche, ob wir eine kleine Vergoldungsanlage, oder ob wir eine größere Anlage für galvanoplastische Niederschläge usw. mit Strom versorgen müssen. Aus jeder dieser oder ähnlichen Erwägung heraus wird eine Maschine bzw. Stromquelle gewählt werden müssen, welche den gewünschten Strom direkt zu liefern imstande ist. Aber auch für den Fall, daß man glaubt, man hat das Richtige getroffen, wird man nicht immer mit ein und denselben Stromverhältnissen auskommen, weil man ja nicht ständig gleich große und gleich viele Gegenstände elektroplattieren will. Etwas schwieriger liegen die Verhältnisse auch, wenn man gleichzeitig mehrere verschiedenartige Elektroplattierbäder betreiben will, denn man möchte doch nicht für jedes derselben eine besondere Maschine aufstellen, sondern wenn möglich mit ein und demselben Dynamo für alle verschiedenartigen Bäder auszukommen suchen. Um dies zu ermöglichen, wird man eine Maschine wählen müssen, welche zumindest die Spannung liefert, welche für das Bad mit der höchsten Spannung ausreicht und für die andern Bäder muß man dann den Strom durch geeignete ein- oder nebengeschaltete Apparate ändern, und zwar geschieht dies durch sogenannte

f) Stromregulatoren, Widerstände oder Rheostate.

Es gibt zwei Sorten dieser Widerstände, und zwar solche, bei denen der Strom durch nur eine Drahtleitung oder einen Teil derselben geschickt wird, und solche, bei welchen der Strom gleichzeitig durch mehrere nebeneinanderliegende Drähte geschickt wird. Diese Drähte bestehen aus Nickellegierungen, welche den Strom schlecht leiten und daher einen gewissen Stromverbrauch bei Durchleitung veranlassen. Auf diese Weise wird allerdings ein Teil des Stromes unnütz verbraucht, aber im allgemeinen sind dies keine zu großen Strommengen. Der erst angeführte Widerstand ist nach ungefähr folgendem Schema zu erklären, wie es Abb. 5 zeigt. Zum beweglichen Hebel H führt

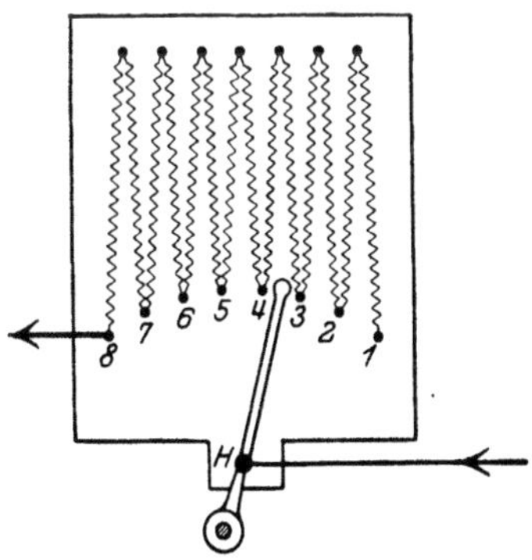

Abb. 5.

die Zuleitung und steht dieser z. B. auf Knopf 1, so muß der Strom durch den ganzen in Zickzacklinien angebrachten Draht laufen, welcher meist nicht von einem zum andern Punkte geradlinig, sondern in Spiralen verläuft. Es hat nun hier der Strom einen weiten Weg in einem schlechten Leiter zu machen, und um dies auszuführen, gehört eine bestimmte Kraft dazu, welche von der vorhandenen Energie geleistet oder weggenommen werden muß. Ist nun hinter dem Widerstand irgendeine Arbeitsgelegenheit eingeschaltet, so wird in dieser der Strom nur noch einen Teil seiner ursprünglichen Energie übrig haben, d. h. wir haben jetzt einen Strom mit geringer Voltzahl. Wird aber der Hebel H auf Knopf 2 oder 3 usw. verschoben, so ist der Weg des Stromes ein immer kürzerer, der Widerstand des nun kürzeren Drahtes ist nicht mehr so groß, mithin bleibt für die Arbeitsgelegenheit eine größere Spannung übrig. Steht der Hebel auf Knopf 8, so ist der ganze Widerstand ausgeschaltet und der Strom kann seine volle Energie im Arbeitsstück betätigen.

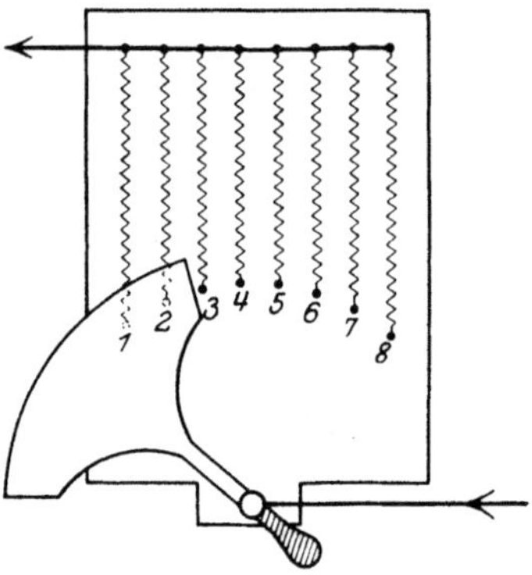

Abb. 6.

Bemerkt sei noch, daß die durch die Drahtspiralen geschickte und zum Teil vernichtete Energie des elektrischen Stromes sich in der Weise betätigt und bemerkbar macht, als sie die Drähte mehr oder weniger stark erwärmt, je nachdem mehr oder weniger Strom sozusagen vernichtet wurde.

Der gebräuchliche Ausdruck „Vernichten des Stromes" ist für den praktischen Gebrauch zwar überall üblich und sehr zweckmäßig, aber nicht absolut richtig, denn eine reine Vernichtung der Energie kann ja nie eintreten, sondern es wird diese als vernichtet bezeichnete Energie in eine andere Kraft, d.i. Wärme umgewandelt.

Diese Widerstände mit hintereinandergeschalteten Drahtspiralen werden nur für verhältnismäßig schwache Ströme verwendet.

Eine andere Art von Regulierwiderständen zeigt die Abb. 6 an. Bei dieser kann der Einschalthebel (ein Kreissegment) mit einer oder mehreren Drahtspiralen in Kontakt gebracht werden, welche jede einzelne mit dem Weiterleitungsdraht verbunden ist, so daß der Strom, welcher durch den Hebel und die Scheibe geht, nun gleichzeitig oder parallel durch sämtliche eingeschaltete Spiralen, also wie in der Abb. 6 durch zwei derselben gehen muß. Man bezeichnet daher diese Widerstände als solche mit „Parallelschaltung" zum Unterschiede von den erst beschriebenen, die als solche mit „Hintereinanderschaltung" bezeichnet werden.

Abb. 7.

Eine dritte Sorte Widerstände (Abb. 7) sind die Schieberwiderstände. Bei diesen wird eine Klammer auf einer isolierten Drahtwicklung verschoben, wobei mehr oder weniger Windungen des Widerstanddrahtes ein- bzw. ausgeschaltet werden, und somit auch der Strom mehr oder weniger geschwächt wird. Dieser Widerstand dürfte also zu den hintereinandergeschalteten zu rechnen sein.

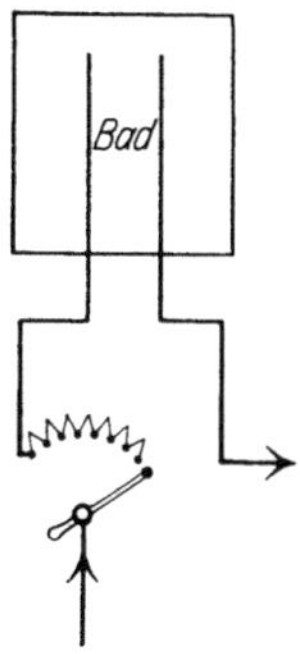

Abb. 8.

In welcher Weise diese Widerstände im Verhältnis zur Arbeitsgelegenheit mit dem Stromkreis verbunden werden, ist auch verschieden. Einmal kann ein Widerstand vollständig in den Stromkreis eingeschaltet sein, wie Abb. 8 angibt, so daß der Einschalthebel über einen der Knöpfe, von welchen eine Spirale ausgeht, gleitet, damit die Arbeitsgelegenheit überhaupt Strom bekommt. Man nennt dann diese Schaltung: Serienschaltung. Man kann aber auch den Widerstand im Nebenschluß an die zur Arbeitsstätte führende Leitung einschalten, wie Abb. 9 zeigt. Bei dieser Schaltung — Parallelschaltung genannt — soll eigentlich dem zum Bad gehenden Strom nicht eine bestimmte Spannung genommen werden, sondern falls der durch das Bad gehende Strom nicht genügend Betätigung findet, soll einem Teil davon ein anderer Weg gewiesen werden und zwar eben durch den eingeschalteten Widerstand. Wird die Arbeitsgelegenheit im Bad immer geringer, so muß mehr Widerstand eingeschaltet werden. Es sind hierzu dann hauptsächlich die Widerstände mit parallel geschalteten Drahtspiralen, also nach Abb. 6, zu ver-

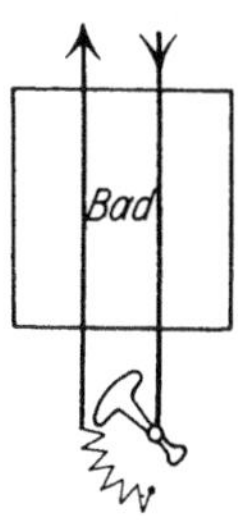

Abb. 9.

wenden. Je mehr Drähte somit hier eingeschaltet werden, um so mehr Strom nimmt durch diese seinen Weg. Somit dient der hier angegebene Widerstand mehr als Regulator und hat auch diese Bezeichnung.

Will man in ganz vereinzelten Fällen einen hochgespannten Strom, etwa einen solchen für Beleuchtungszwecke von 110 Volt, für ein galvanisches Bad, etwa für ein Vergoldungsbad ohne Umformer, in Verwendung nehmen, so muß man den bei weitem größten Teil dieses Stromes und zwar ungefähr $\frac{24}{25}$ desselben durch Widerstände vernichten. Man führt dies derart aus, indem man in den Stromkreis Glühbirnen, je nach Stärke derselben 4—6 Stück hintereinanderschaltet, und erhält dann einen Stromrest von etwa 4 Volt, welcher wohl jetzt für den bestimmten Zweck dienlich ist, aber selbstverständlich unrentabel ist.

g) Polarisation.

Es ist schon früher erwähnt worden, daß bei Zersetzung von gelösten Metallsalzen durch den elektrischen Strom nicht nur der Leitungswiderstand des Bades, bzw. die Zersetzungsspannung für das betreffende Salz in Frage kommt, sondern daß noch eine weitere Kraft beachtet werden muß, welche sich im Bade befindet und auch unter Umständen sich recht unangenehm bemerkbar machen kann. Es ist dies der Polarisationsstrom oder auch kurz die Polarisation genannt. Zum besseren Verständnis dieser Erscheinung sei nachstehendes angeführt.

Wenn durch den elektrischen Strom bei der Zersetzung des im Elektrolyten befindlichen Salzes der Metallteil zur Kathode und der Säurerest zur Anode gezogen wurde, jedoch die Anode unlöslich ist, somit der Säurerest sich mit dem Wasser der Badflüssigkeit unter Abscheidung von Sauerstoff in eine Säure umwandelt, so wird der Elektrolyt besonders in der Gegend der Anode immer säurereicher. Diese Säure ist aber nun mit elektronegativen Ionen geladen, während das an der Kathode abgeschiedene Metall mit elektropositiven Ionen geladen ist. Es ist somit ersichtlich, daß diese mit den verschiedenartigen Kräften geladenen Elektronen aufeinander einzuwirken suchen. Dies geschieht dadurch, daß ein elektrischer Strom zwischen den positiven stärkeren Metallionen und den schwächeren, das sind die negativen Säureionen, erregt wird, und zwar entsteht ein Strom in anderer, d.h. umgekehrter Richtung, wie er von der äußeren Stromquelle durch das Bad geschickt war. Dieser im Bad entgegengesetzt laufende Strom ist der erwähnte Polarisationsstrom. Die Stärke dieses Polarisationsstromes kann auch mit einem entsprechenden Apparat gemessen werden und zeigt sich natürlich in dem Augenblick am stärksten, sobald die äußere Stromquelle aufhört einen Strom durch das Bad zu senden. Natürlich muß, wie schon erwähnt, dieser Polarisationsstrom im Bade auch durch den Zersetzungsstrom überwunden werden, sonst würde keine Abscheidung bzw. Trennung erfolgen. Bei unlöslichen Anoden wird im Laufe des Prozesses also bei immer entsprechenden größeren Mengen freier Säure die Polarisation dementsprechend wachsen, und zwar kann dieselbe leicht so stark werden, daß sie den Arbeitsstrom völlig aufzehrt und somit der Prozeß zum Stillstand kommt, wenn man nicht als Gegenmittel dafür den Strom immer stärker werden läßt. Sind an einer Dynamomaschine einige solcher Bäder angeschlossen und steht die Maschine still, ohne daß sie aus dem Stromkreis der Bäder ausgeschaltet wurde, so wirkt der in den Bädern jetzt einsetzende Polarisationsstrom genau so wie beim Element, d. h. er nimmt außerhalb des Bades durch den geschlossenen Kreis seinen Weg durch die Dynamomaschine. In letzterer ist aber zur Erregung des elektrischen Stromes ein Magnet vorhanden, natürlich mit einem Nord- und Südpol. Durch diese verschiedene Polarität wird ja auch die Richtung des Stromes, der von der Maschine geliefert wird, bedingt. Geht nun der Polarisationsstrom in der umgekehrten Richtung durch die Maschine, so wird er auch den Magneten beeinflussen derart, daß er ihn umpolt, d. h. nun der Südpol zum Nordpol umgekehrt wird. Bei Nichtbeachtung dieses Umstandes wird nun beim neuen Anlassen der Maschine der erzeugte Strom die umgekehrte Richtung gegen früher aufweisen, also was vorher im Bade Anode wird Kathode und was Kathode war wird zur Anode. Für solchen Fall müssen dann entweder die Leitungsdrähte umgetauscht werden oder die Maschine muß mit Hilfe einer anderen Stromquelle wieder umgepolt, d. h. in den vorherigen Stand versetzt werden.

Diese Betrachtung war angestellt worden für Bäder mit unlöslichen Anoden. Haben wir aber lösliche Anoden, d. h. ist der vom Strom abgeschiedene Säurerest imstande mit der Anode eine lösliche Verbindung zu bilden, so hat ja dieser Säurerest ein Betätigungsobjekt gefunden und seine Polarisation bildende Kraft ist ihm genommen. Somit haben wir hier keinen so starken und eventuell sich steigernden Arbeitsstrom nötig, um den Prozeß ununterbrochen fortführen zu können. Die durch den Strom getrennten Ionen üben natürlich auch ihre in ihnen vorhandene Energie aus bis zu dem Augenblick, wo sie ihren Betätigungsdrang ausgeführt haben, was ja allerdings in äußerst kurzer Zeit geschehen ist. Aber innerhalb dieses Moments ist doch der Polarisationsstrom vorhanden, der, wenn auch hier nicht so bedeutend, vom Arbeitsstrom überwunden werden muß. Daß die Polarisation auch hier vorhanden ist, kann man feststellen, wenn man den Prozeß unterbricht und Anode und Kathode schnell mit einem entsprechenden Meßinstrument verbindet. Man wird auch hier feststellen können, daß diese beiden Elektroden einen Strom in umgekehrter Richtung, wenn auch nur für ganz kurze Zeit, zu erregen imstande sind.

Der Polarisations- oder Gegenstrom macht sich auch bei Elektroplattierungen besonders bemerkbar, wenn auf ein sehr stark elektropositives Metall ein erheblich elektrisch weniger starkes niedergeschlagen werden soll, d. h. wenn die beiden Metalle in der elektrischen Spannungsreihe recht weit auseinander liegen, somit eine recht große Potentialdifferenz aufweisen.

Wenn z. B. Zink verkupfert werden soll, so müssen wir dasselbe als Kathode in eine Kupferlösung mit einer Kupferanode bringen; wir hätten dann eine Zusammenstellung wie ein Daniellsches Element, welches eine Spannung von 1,1 Volt angibt, nur daß jetzt innerhalb der Flüssigkeit der Strom von der Kathode zur Anode geht. Dieser Strom muß nun zunächst von der äußeren Stromquelle überwunden werden, damit überhaupt ein Niederschlag an der Kathode erfolgt. Daher kommt es auch, daß bei den Vorschriften über Niederschläge auf Zink stets eine größere Spannung angegeben ist, als sonst für andere Metalle notwendig ist.

2. Vorbehandlung der Arbeitsstücke.

Die Hauptbedingung eines guten Gelingens von Metallüberzügen ist, daß die Unterlage in der für diesen Zweck absolut genügenden Weise vorbereitet wurde, d. h. daß die Oberfläche der zu überziehenden Objekte vor allem absolut rein ist. Wenn unserem Auge auch in äußerst vielen Fällen das zu überziehende Metall von tadelloser Reinheit zu sein scheint, so dürfte es niemals anzuraten sein, diesem trügerischen Aussehen vertrauend, nun daraufhin Niederschläge auszuführen. Schon die alleräußerste, geringste Fettspur, wie sie durch ein bloßes Berühren mit einem Finger erzeugt werden kann, läßt fast unweigerlich ein Mißlingen der vorzunehmenden Arbeit vorhersagen. Es muß also in jedem Falle erst die für das betreffende Metall bzw. für den betreffenden Gegenstand passende Reinigung vorgenommen werden, und zwar in einer absolut für jeden speziellen Fall durchaus passenden und durchgreifenden Weise. Wie hiermit schon gesagt, ist die Reinigung je nach Art des Metalles und der Verunreinigung sehr verschieden. Die Art der Verunreinigung erstreckt sich nun besonders auf die drei Abteilungen:

a) Ganz grobe Unreinheiten, wie Schmutz, Sand, Lack usw.
b) Fette.
c) Oxydschichten und Gußzunder.

a) Entfernung von Schmutz, Sand, Lack usw.

Die groben Unreinheiten, wie Schmutz und Sand, werden am besten mit etwas Salmiakgeist haltigem warmen Wasser unter Benutzung von starken Borstenbürsten und Zuhilfenahme von feinem Sand, Schmirgel, Bimsstein usw. entfernt. Bei stärker haftenden Unreinheiten müssen eventuell ein kleines Kratzeisen und Metallbürsten in Anwendung kommen. Überzüge von Lack werden mit Terpentinöl oder Benzin abgelöst oder auch in einem Glühofen in schwacher Temperatur abgebrannt. Letztere Maßregel ist aber nicht anwendbar bei einer Reihe von Metallen, wie Blei, Zink, Zinn, Britanniametall usw., da sie ja schon bei der niedrigen Temperatur schmelzen würden. Dasselbe gilt natürlich auch für andere schwer schmelzbare Metalle, die aber Weichlotstellen aufweisen. Nach dem Abbrennen muß zunächst dann durch Bürsten usw. die jetzt noch vielfach an den Gegenständen fest eingebrannte und haftende Kohle- und Rußschicht usw. entfernt werden.

b) Entfetten.

Ist bei sehr vielen Gegenständen die Vornahme dieser groben Reinigungsarbeiten nicht nötig, so ist dieselbe doch durchaus unerläßlich für die Entfernung vorhandener Fettschichten. Gerade diese sind meist nicht wahrnehmbar und doch sind sie fast immer vorhanden. Hier wird nun auch stets von Fall zu Fall zu unterscheiden sein, welche Reinigungsmethode in Anwendung gebracht werden soll, und zwar ist hier sowohl die Art des Materials, als auch die Größe des Objektes, sowie auch der eventuelle künstlerische Wert desselben maßgebend.

Große unhandliche Gegenstände werden entfettet, indem man sie recht tüchtig mit einer Lösung von Seifenstein = Ätznatron (1 Teil in 15 Teile Wasser) oder mit aufgeschlämmtem gelöschten Kalk abbürstet und dann mit recht viel Wasser übergießt. Derartige Gegenstände aus Hartmetall (Eisen, Messing, Bronze) kann man auch allseitig mit einer Lötlampe abbrennen, wodurch die Fetteilchen zerstört werden.

Gewöhnliche Gegenstände und Massenartikel werden in heißer Lösung von Natronlauge (d. i. 50—80 g Seifenstein oder Ätznatron in 1 Liter Wasser) entfettet. Im allgemeinen genügt eine Eintauchdauer von 5—7 Minuten, bei stärkeren Unreinheiten entsprechend länger. Größere Gegenstände befestigt man an Drähte, um sie daran beim Eintauchen und Herausnehmen zu fassen, da die warme Natronlauge möglichst gar nicht mit der Haut in Berührung kommen darf.

Kleinere Gegenstände, besonders Massenartikel, bringt man zum Eintauchen in sogenannte Beizkörbe. Es sind dies runde Henkelkörbe von bekannter Form aus Steinzeug, welche durchweg kleine Löcher besitzen, um der Lauge leichten Ein- und Abfluß zu gestatten. Nach dem Herausnehmen der Gegenstände müssen diese mit äußerst reichlichen Wassermengen abgespült oder übergossen werden, um die stark daran haftende Lauge gründlich abzuspülen. Sind die zu entfettenden Gegenstände jedoch aus Zinn, Zink oder Aluminium, so muß man die Lauge mit mindestens der gleichen Menge Wasser versetzen, da sonst die Metalle zu stark angegriffen werden würden. Noch besser ist jedoch, wenn man hier nur eine Soda- oder Pottaschelösung in Anwendung bringen würde, der nur ein wenig Ätznatronlauge zugesetzt wird. Diese Methode der Entfettung mittels Natronlauge ist jedoch nur anwendbar bei Fetten vegetabilen oder animalischen Ursprungs wie Talg, Pflanzenöl (z. B. Olivenöl), Stearinöl, während Mineralfette wie Paraffin, Vaselin usw. sich nicht in Natronlauge lösen bzw. zersetzen lassen. Kann man in solchen Fällen die Zerstörung der Unreinheiten nicht durch Abbrennen oder schwaches Ausglühen entfernen, so muß man andere Lösungsmittel anwenden und zwar Alkohol, Äther, Benzin, Benzol oder Tetrachlorkohlenstoff. Diese Mittel sind natürlich auch anwendbar zur Entfernung der vegetabilen und animalen Fette. Diese vier ersten der zuletzt genannten Lösungsmittel sind ungeheuer leicht entzündbar, so daß in der Nähe, bei Äther sogar in Entfernung von mehreren Metern keine offene Flamme sich befinden darf. Tetrachlorkohlenstoff ist indes nicht entzündbar und infolgedessen in dieser Beziehung angenehmer verwendbar. Es spielt allerdings bei diesen Mitteln aber auch der Geldpunkt eine nicht unwichtige Rolle, da sie nicht zu billig sind. Ist man jedoch darauf angewiesen, so tauche man die zu entfettenden Gegenstände zuerst in kochend heißes Wasser, weil dadurch die Fetteilchen erweicht, zum Teil sogar schon hier losgelöst werden und an die Oberfläche des Wassers treten und so einesteils sich viel leichter weglösen lassen und dann auch nicht so viel Lösungsmittel in Anspruch nehmen. Man wendet diese Art der Entfettung meist nur bei kleinen und künstlerisch profilierten Gegenständen an.

Einzelne nicht zu große Gegenstände des Kunstgewerbes werden auch, wie z. B. in der Bijouterie- und Schmuckwarenbranche, nur am Poliermotor mittels äußerst schnell rotierender Bürsten unter Zuhilfenahme von Seifenwurzelabkochung (30 bis 40 g Seifenwurzel in 1 Liter Wasser) oder Panamarindenabkochung abgebürstet, wodurch etwa anhaftende Fetteilchen entfernt werden.

Für große möglichst wenig profilierte Gegenstände ist auch oft ein elektrolytisches Entfetten vorteilhaft anwendbar. Es geschieht dadurch, daß diese Gegenstände als Kathoden in ein entsprechend großes Bad gehängt werden, in welchem als Elektrolyt ein Natronsalz — meist schwefelsaures Natron = Glaubersalz = Na_2SO_4 — in Lösung sich befindet, als Anode verwendet man entweder unlösliche Materialien, kann aber Gegenstände derselben Sorte nehmen. Der dann durch das Bad geschickte Strom zerteilt das Salz des Elektrolyten in seine Ionen, also hier in Na_2 und SO_4, das ist Natriummetall und Schwefelsäurerest. Das metallische Natrium scheidet sich an der Kathode aus, wird aber sofort, da es in Wasser nicht bestehen kann, sich mit dem

Sauerstoff eines Teiles der Badflüssigkeit in Natronlauge umwandeln nach der Formel $2\,Na + 2\,H_2O = H_2 + 2\,HNaO$ unter Entwicklung freien Wasserstoffs. Diese Umwandlung und das Freiwerden von Wasserstoff findet natürlich an der Oberfläche der Kathode, d. h. des zu entfettenden Gegenstandes statt. Es werden also einmal durch die Gasentwicklung an der Oberfläche des Objekts etwa hier haftende Fetteilchen gelockert und sogar fortgehoben werden und dann werden diese auch durch die hier eben entstandene Natronlauge zerstört, d. h. in Seife übergeführt. Der Säurerest geht zur Anode, und ist dieselbe unlöslich, so wird unter Wasserzersetzung nach der Formel $SO_4 + H_2O = H_2SO_4 + O$ freie Schwefelsäure gebildet und Sauerstoffgas entwickelt. Wir haben in dem Elektrolyten nun einerseits Natronlauge und andererseits Schwefelsäure. Diese beiden können natürlich nicht nebeneinander bestehen, sondern verbinden sich wieder nach dem Vorgange $2HNaO + H_2SO_4 = Na_2SO_4 + 2\,H_2O$ zu dem ursprünglichen Salz, d. h. schwefelsaurem Natron und Wasser. Haben wir jedoch als Anode dasselbe Material wie an der Kathode eingehängt, so wird hier die Säureionengruppe ihre Wirkung auszuüben suchen und zwar vor allem, indem es etwa vorhandene Oxyde des betreffenden Metalls löst, ein Vorgang, der sehr erwünscht und auch für diesen Fall bezweckt ist. Wir müssen ja die Oberfläche der später mit einem anderen Metall zu überziehenden Gegenstände nicht nur von Fett, sondern auch von Oxydhäuten befreien, um gute Arbeiten liefern zu können. Wir haben also gesehen, daß wir in einem Bade gleichzeitig, in einem Prozeßgang, einen Teil der später weiter zu bearbeitenden Gegenstände entfetten und entoxydieren konnten. Aber es ist nun auch sehr einfach, durch Umschalten des Stromes jetzt Anode in Kathode und umgekehrt zu verwandeln. Es ist nun der Teil, welcher vorher entfettet wurde, jetzt dem Entoxydieren unterworfen und der andere Teil, welcher entoxydiert war, wird jetzt entfettet. Hat man nun aber auch Gegenstände aus Britannia, Zink, Zinn usw., welche vor ihrer endgültigen Plattierung mit einer Zwischenlage von Kupfer versehen werden müssen, damit der definitive Metallüberzug auch gut haftet, so gibt man in dieses Entfettungsbad ein wenig eines Kupfersalzes, etwas weinsaures Kupferoxydammoniak, damit sich gleichzeitig neben Natronsalz auch das Kupfersalz durch den Strom zersetzt und gleichzeitig an der Kathode das Kupfer auf dem Gegenstande niedergeschlagen wird. Man nennt dann diese Art der Entfettung auch Kuprodekapierung. Es gibt im Handel diesbezügliche bewährte Salzgemische, welche für diesen Zweck gut geeignet sind.

Wie schon erwähnt, muß nach jeder Art der Entfettung mit überreichlich viel Wasser abgespült und der Gegenstand möglichst nicht mehr mit den Fingern angefaßt werden. Wenn angängig, behelfe man sich mit Holzzangen oder dergleichen. Ist ein Anfassen mit der Hand oftmals nicht zu umgehen, so wasche man dieselbe allerbestens mit stark alkalihaltiger Seife und halte sie danach stets feucht, tauche sie auch immer wieder in kürzesten Zwischenräumen in ein wenig weinsteinhaltiges Wasser.

c) Entfernung der Oxydschichten = Dekapieren.

Ist die Entfettung absolut genügend durchgeführt, so ist es ebenso unerläßlich notwendig, daß die an der Oberfläche der Gegenstände haftenden Oxydschichten beseitigt werden, welche oft auch nicht mit dem Auge sichtbar sind, aber eine tadellose Elektroplattierung zu verhindern imstande sind. Auch hier haben wir besonders wegen der Verschiedenheit des Materials zu ganz verschiedenen Maßnahmen zu greifen, d. h. die anzuwendenden Mittel werden sich jeweils nach Stärke der zu entfernenden Schichten und der Art des nachher zu überziehenden Metalls ob Kupfer, Eisen usw. richten müssen. Infolgedessen läßt sich auch hier keine allgemeine Regel aufstellen und wir wollen demgemäß auch die meist in Frage kommenden Metalle einzeln besprechen.

Behandlung einzelner Metalle.

Kupfer und Kupferlegierungen. (Messing, Bronze, Neusilber usw.) Bei diesen haben wir immer mit einer mehr oder weniger starken Oxydschicht zu rechnen. Liegen aus diesen Materialien gegossene Gegenstände vor, besonders wenn sie in Formsand ausgegossen wurden, so haben wir mit den stärksten und oft hartnäckigsten Oberflächenverunreinigungen zu rechnen, und zwar mit der Gußhaut oder dem Gußzunder. Wenn wir sonst mit dem nachher angegebenen Beizverfahren, d. h. Eintauchen in bestimmte Säuren oder Säuregemische auskommen, müssen wir in diesem Falle oftmals noch zu mechanischen Mitteln greifen, um diesen Zunder restlos zu entfernen. Auf jeden Fall wird man zuerst mit einer verdünnten Schwefelsäure beizen. Diese stellt man sich her, indem man in 10 Liter Wasser vorsichtig und unter Umrühren knapp $^3/_4$ Liter konzentrierte Schwefelsäure, technisch rein, schüttet. Der hierin eingetauchte Gegenstand wird eine Zeitlang hin und her geschwenkt, um die stärksten Oxydschichten wegzulösen. Darauf wird mit Wasser abgeschwenkt und nun in kalte, starke Salpetersäure von 1,3—1,35 spez. Gewicht getaucht. Man kann auch anfänglich die meist im Handel übliche Salpetersäure von 1,39 spez. Gewicht verwenden, zumal dieselbe nach kurzer Benutzung in ihrer Stärke nachgelassen hat. Nach dem Abspülen in Wasser nach dieser Beizung, sieht man dann meist sehr genau, an welchen Stellen noch Verunreinigungen von Zunder, Formsand usw. sich befinden und kann diese dann mit Hilfe von nicht zu zarten Eisen- oder Messingdrahtbürsten, womöglich unter weiterer Anwendung von Sand oder Schmirgel mit Wasser, weiter bearbeiten. Hin und wieder muß sogar das Kratzeisen zu Hilfe genommen werden, um besonders kleine Einschlüsse von Sand usw. entfernen zu können. Zwischen diesen mechanischen Reinigungsversuchen ist es stets vorteilhaft, die Salpetersäurebeize anzuwenden.

Rührt die Oxydschicht nur vom Glühen der Objekte her, so ist die Entfernung derselben meist leichter zu bewerkstelligen, auch wenn das Glühen unvorsichtig und unnötig lange stattgefunden und sich ein ziemlich starker Glühzunder gebildet haben sollte. Hier genügt fast stets ein kurzes Beizen in der Salpetersäure ohne Anwendung mechanischer Mittel.

Haben die Gegenstände nur eine schwache Oxydschicht, wie dies durch schwaches Erwärmen oder natürliches Anlaufen in der Atmosphäre erfolgte, oder sind sie, wie oben angegeben, vorgebeizt, so will man denselben schon vor dem Elektroplattieren ein glattes, gutes Aussehen geben, damit der darauf sich absetzende Metallniederschlag auch von vornherein dieses glatte Aussehen erhalte. Daher zieht man die Gegenstände nun durch die Glanzbrenne. Diese muß einen Tag vor ihrem ersten Gebrauch hergestellt werden, damit sie vollständig erkaltet ist, d. h. normale Zimmertemperatur angenommen hat. Bei ihrer Herstellung wird sie nämlich zum Kochen heiß und kann auch nicht, sofern es sich, wie ja meist der Fall, um nicht zu geringe Mengen handelt, in einem Zuge hergestellt werden. Man muß folgendermaßen verfahren: Man nimmt dem Volumen nach gleiche Mengen konzentrierte Schwefelsäure von 1,84 spez. Gewicht und Salpetersäure von 1,4 spez. Gewicht, oder nach dem Gewicht, auf 9 kg konzentrierte Schwefelsäure 7 kg Salpetersäure, und gießt in kleinen Mengen die Schwefelsäure in die Salpetersäure. Es findet starke Erwärmung statt und man läßt immer erst abkühlen, ehe man weiter Schwefelsäure zugibt. Sind die Säuren fertig gemischt und erkaltet, wird ein wenig Kochsalz, und zwar auf 5 Liter Flüssigkeit etwa 40 g zugegeben. Unmittelbar vor der Benutzung der Brenne rührt man in dieselbe jedesmal einen starken Kaffeelöffel voll Glanzruß hinein. Diese Maßnahme dient dazu, um einen kleinen Teil der Salpetersäure zu reduzieren zu Stickoxyd und Stickoxydul, denn gerade in Verbindung mit diesen Reagenzien üben die Beizsäuren in vorteilhafter Weise ihre gewünschte Tätigkeit aus. Natürlich kann man auch an Stelle des Rußes jedes andere Reduktionsmittel anwenden, z. B. werfen in manchen Beizereien die Arbeiter ein paar Stückchen glühenden Koks in die Säure, wieder andere aber, wenn es sich um nicht zu große Betriebe handelt, verwenden jeweils ein Stückchen Zucker oder auch eine starke Prise Schnupftabak oder dergleichen mehr. Da diese Leute nicht den inneren Zusammenhang kennen, aber doch einen guten Erfolg ihrer Maßnahmen feststellen können, glauben sie, daß nur ihr Mittel, welches sie vielfach als Geheimnis ansehen, das einzig richtige wäre. Bei starkem Betriebe erhitzt sich die Brenne bald und man muß längere Zeit warten, bis sie wieder abgekühlt ist, oder man muß sich verschiedene Gefäße davon vorrätig halten, die abwechselnd benutzt werden. Wenn nach einigem Gebrauch die Beize in ihrer Wirkung beginnt nachzulassen, kann man durch Zugabe frischer Salpetersäure und etwas Kochsalz (oder auch von etwas Salzsäure) sie noch für einige Zeit brauchbar erhalten, aber zu lange hält dies nicht vor, und man muß sie absetzen, kann sie aber noch als sogenannte Vorbrenne benutzen. Äußerst vorteilhaft ist es überhaupt, vor dieser Glanzbrenne eine besonders zurechtgestellte Vorbrenne zu verwenden, wie Dr. Pfannhauser dies empfiehlt. Diese Vorbrenne besteht aus starker Salpetersäure von 1,4 spez. Gewicht, der etwas Salzsäure oder auch etwas Kochsalz zugesetzt wird. Stark Obacht zu geben ist darauf, daß die Gegenstände in den Beizen nur recht kurze Zeit verbleiben, und zwar nur einige Sekunden, sonst werden sie zu stark angegriffen und werden ganz unansehnlich matt, d. h. die beabsichtigte Wirkung des Glanzbrennens ist in ihr Gegenteil umgewandelt worden. Man sagt auch, die Gegenstände wären verbrannt. Ferner ist zu beachten, daß bei der Behandlung mit Beizen, wo Salpetersäure darin enthalten ist, sich stets recht giftige Gase der zersetzten Salpetersäure entwickeln. In kleinen Betrieben werden die diesbezüglichen Arbeiten deshalb im Freien vorgenommen, ist jedoch vorauszusehen, daß viel derartige Arbeiten auszuführen sind, muß unbedingt das Beizen unter sehr gut funktionierenden Abzügen vorgenommen werden, wo entweder die sich entwickelnden Gase in hohe Essen abgeführt werden oder am besten in eine Anlage kommen, wo durch Überspritzung mit Kalkwasser die giftigen Säuredämpfe unschädlich gemacht werden.

Die zu beizenden Gegenstände werden, falls sie aus einzelnen Stücken bestehen, mittels Zangen in die Säure getaucht, oder bei kleinen, hierzu geeigneten Gegenständen in Bündeln an Drähte befestigt oder bei sehr vielen kleinen Gegenständen in den oben erwähnten Beizkorb gelegt und dann schnell eingetaucht. Möglichst unmittelbar neben dem Beizkübel muß Gelegenheit vorhanden sein, die aus der Beize kommenden Gegenstände mit äußerst viel Wasser abspülen zu können, wozu natürlich ununterbrochen laufendes Wasser am geeignetsten ist. Hat man nur stehendes Wasser zur Verfügung, so muß davon eine ganze Reihe von Gefäßen vorhanden sein. Ist das Abspülen auch äußerst sorgfältig erfolgt, so kann man doch beobachten, daß die so frisch gebeizten Gegenstände sehr leicht wieder etwas anlaufen, d. h. sich oxydieren. Besonders leicht ist dies der Fall, wenn im Beizraum Säuregase, vom Beizen herrührend, vorhanden sind. Es ist daher auf jeden Fall ratsam, die frisch gebeizten Gegenstände mit Metallbürsten unter Zuhilfenahme von Kalkwasser oder auch Panamarinde- oder Seifenwurzelabkochung tüchtig abzureiben, denn es scheint, daß gerade die äußerste, natürlich ungeheuer dünne Schicht des Objekts durch das Beizen gleichsam aufgelockert und nun besonders empfindlich ist. Ist dieselbe durch Bürsten und dergleichen wieder etwas angedrückt, so ist ihre Empfindlichkeit nicht mehr ganz so stark, und das Anlaufen erfolgt nun nicht mehr ganz so leicht, wenngleich natürlich auch nun immer noch stark Obacht gegeben werden muß. Selbstverständlich muß nach dem Bürsten wieder mit viel Wasser abgespült werden. Am besten ist es, wenn nun die Gegenstände sofort in das Elektroplattierbad eingehängt werden können. Ist dies jedoch nicht der Fall, so müssen die Gegenstände in Wasser aufbewahrt werden, dem man ein wenig Weinstein oder Zyankali zugesetzt hat.

Haben die gebeizten Gegenstände Lotstellen, so werden diese nach dem Beizen sich meist durch ihre dunkle bis schwarze Farbe bemerkbar machen. Sie müssen mittels starker Bürste oder Kratzeisen blank geputzt werden, da sie sonst beim Elektroplattieren keinen Überzug erhalten. Sollten die Gegenstände nach dem Beizen noch Flecken aufweisen, die kein absolut reines Metall andeuten, so wird man nach Abbürsten noch einmal durch die Beize ziehen müssen. Ohne vorheriges tüchtiges Bürsten hat das direkte nochmalige Beizen keinen Zweck, da es nicht zum Ziele führt. Meist lassen sich diese Flecken auch entfernen, wenn man die Gegenstände in einer Zyankalilösung kurze Zeit hin und her schwenkt. Für diese Lösung löst man 40—50 g Zyankali in 1 Liter Wasser auf. G. Buchner gibt auch an, daß man nach dem Beizen schwarz gewordene oder fleckige Stücke in Chlorzinklösung tauchen soll. Nach dem Herausnehmen soll man schwach erwärmen und den Gegenstand derart trocken werden lassen, worauf man mit Wasser abspülen soll.

Zink. Metallisches Zink wird von allen Säuren ungeheuer leicht angegriffen und somit wird durch dieselben die Oberfläche bei nicht genügender Aufmerksamkeit womöglich deformiert. Aus diesem Grunde sucht man die meist sehr dünnen Oxydschichten auf diesem Metall mittels mechanischer Hilfsmittel, vor allem durch Bürsten zu entfernen. Gelingt dies nicht vollständig, so taucht man in sehr verdünnte Schwefelsäure, und zwar verwendet man eine solche, bei der man in 5 Liter Wasser etwa 100—150 ccm konzentrierte Schwefelsäure gegossen hat. Nur bei sehr stark oxydierten Zinkwaren ist es mitunter nötig, stärkere Beizsäuren anzuwenden. Z. B. nach längerem Lagern besonders gegossener Gegenstände in etwas feuchter Luft überziehen sich dieselben mit einer nicht zu dünnen festhaftenden Oxydschicht. Hier wendet man dann ein Gemisch gleicher Teile von konzentrierter Schwefelsäure von 1,84 spez. Gewicht und Salpetersäure 1,36 spez. Gewicht an. Man darf die Gegenstände aber nur ganz kurz etwa 1—2 Sekunden in diese kalte Beize tauchen und sofort in Wasser bringen, das entweder fließend sein oder recht oft gewechselt werden muß. Hat dies einmalige Eintauchen noch nicht genügend gewirkt, so werden die Gegenstände noch einmal ganz kurz in die Beize getaucht, aber erst nachdem sie recht gut trocken gemacht wurden, damit kein Wasser in die Beize mit hineinkommt.

Blei, Zinn und Britanniawaren (Zinn-Antimonlegierungen) werden von ihren Oxydschichten verhältnismäßig leicht durch rein mechanische Hilfsmittel, wie Kratzen, Schaben und Bürsten, unter Zuhilfenahme von Panamarinde- oder Seifenwurzelabkochung oder auch von verdünnter Salzlösung gereinigt, da ja die Unterlagen dieser Oxydschichten ziemlich weich und somit leicht bearbeitbar sind. In seltensten Fällen wendet man Säuren zum Beizen an, und zwar für Blei mittelstarke Salpetersäure und für Zinn und Britannia starke Salzsäure. Natürlich muß auch hier mit Wasser immer sehr gut nachgespült werden.

Stahl und Eisenwaren sind durch mehr oder minder starke Oxydschichten derart verunreinigt, daß fast stets weder allein mittels einer chemischen noch einer mechanischen Bearbeitung eine absolut einwandfreie Oberfläche erzielt werden kann, daß vielmehr beide Bearbeitungsarten zu Hilfe genommen werden müssen. Bei gegossenen Gegenständen ist meist eine besonders starke und äußerst festsitzende Oberflächenhaut — der Zunder — vorhanden, welche erst entfernt werden muß, um metallblanke Flächen zu erhalten, welche sich dann erst zum Elektroplattieren eignen. Dieser Zunder muß meist mit Schab- und Kratzeisen bearbeitet werden, um nachher noch mittels kräftiger Eisenbürste unter Zuhilfenahme von Seifenwurzelabkochung restlos losgelöst zu werden. Sonstige Oxydschichten, besonders welche durch Lagern an feuchter Luft entstanden sind, haften auch an der Unterlage meist sehr fest, da sie sich gleichsam in das Metall eingefressen haben. Zur Erweichung und teilweiser Loslösung dieser Oxyde verwendet man verdünnte Schwefelsäure (1 Teil Säure zu 6—8 Teilen Wasser), in welche die betreffenden Gegenstände getaucht und eine entsprechend lange Zeit von 2—10 Minuten belassen werden. Sehr vorteilhaft ist eine vorherige Erwärmung der Säure oder auch des Gegenstandes, sowie eine kleine Zugabe von Kienruß in die Säure. Nachdem muß stets, wie oben angegeben, mit starker Bürste weiter bearbeitet werden.

Da nun die verdünnte Schwefelsäure jedoch auch das metallische Eisen angreift, verwendet man besser an deren Stelle eine Lösung von saurem schwefelsaurem Kalium. Da aber in diesem Salz gleichsam auch freie Schwefelsäure enthalten ist, so darf die Lösung nicht so stark sein, daß ein merkliches Angreifen des Eisens sich zeigt, und zwar dürften sich keine Gasblasen in merklicher Menge entwickeln. Meist genügt es, wenn man in 1 Liter Wasser 15—20 g dieses Salzes löst. Hierin werden nun die Gegenstände getaucht und dann aber mit einem Zinkstab in Berührung gebracht. Nun tritt eine Gasentwicklung ein, welche die Oxydschichten sehr gut lockern hilft, so daß jetzt der, wenn auch sehr beträchtlich vorhandene Eisenrost, sich verhältnismäßig leicht ablösen läßt. Das Belassen der Gegenstände in der Salzlösung unter Berührung mit Zink richtet sich je nach der Stärke der vorhandenen Oxydschicht. Ist dieselbe äußerst stark, so ist es angebracht, nach etwa 10 Minuten herauszunehmen, in Wasser etwas abspülen, mit Eisenbürsten abzubürsten und wieder in die Lösung legen unter Zinkkontakt. Auch den hartnäckigsten Rost gelingt es auf diese Weise ziemlich gut zu entfernen, wenn zum Schluß dann wieder stark abgebürstet wird. Wenn in der Oberfläche der Gegenstände größere oder kleinere Unebenheiten oder gar Vertiefungen durch das Einfressen des Rostes entstanden sind, müssen sie eventuell nachpoliert oder womöglich nachgeschliffen werden.

Eine andere Art der Entfernung des Zunders oder starker Oxydschichten an Eisenteilen, ist die Anwendung des Sandstrahlgebläses. Über dieses wird später noch einiges erwähnt, nur sei hier gleich eingeschaltet, daß man unter Anwendung von Preßluft gegen die betreffenden Eisenteile entstaubte Sand- oder Glaskörnchen schleudert. Durch diese einige Minuten währende Arbeit, wird an der Oberfläche des bearbeiteten Objekts die oberste Schicht in winzigen Partikelchen hinweggerissen, so daß bald das saubere darunter liegende Metall zum Vorschein kommt. Nur bei gut polierten oder geschliffenen Stahlsachen, welche eine kaum merkliche Oxydschicht besitzen, läßt sich letztere durch einfaches Eintauchen in die oben erwähnte verdünnte Schwefelsäure entfernen, ohne nachheriges Bürsten, doch sind dies meist die Ausnahmen.

Silber wird stets in Legierung mit Kupfer verarbeitet. Sollen silberne Gegenstände elektroplattiert werden, so müssen auch diese außer von Fett auch von Oxydschichten und dergleichen gereinigt werden, obgleich das Silber als Edelmetall sich ja nicht oxydiert. Ist jedoch ein silberner Artikel schwach geglüht worden, so bemerken wir trotzdem eine dunkle Farbe eines Oxyds, welches aber jedesmal nur von dem mit dem Silber legierten Kupfer herrührt. Aber wir haben bei Silber nicht nur mit dieser Oxydschicht von Kupfer herrührend zu rechnen, sondern mit Verbindungen, welche vom Silber mit Gasen der Atmosphärilien sich gebildet haben. Da ist einmal das Schwefelsilber zu nennen, das sich in schwefelwasserstoffhaltiger Luft ungeheuer leicht bildet. Dieses gibt in dünnster Auflage einen gelblichen Schimmer auf der Oberfläche, kann aber hell- bis dunkelbraun und schwarz bei stärkeren Einwirkungen werden. Ferner bildet sich in chlorhaltiger Luft oder in Berührung mit chlorhaltigen Gegenständen leicht Chlorsilber, das zwar für sich weiß aussieht, jedoch durch das Tageslicht in Silberchlorür umgewandelt wird und dieses sieht schwarz aus. Es ist also bei dunkleren Überzügen auf Silber immer mit einer dieser erwähnten Möglichkeiten zu rechnen. Liegt ein Anlaufen durch Oxydation des Kupfers vor, so können die Gegenstände durch verdünnte Schwefelsäure (1 Teil Schwefelsäure in 10 Teilen Wasser) leicht wieder silberweiß gebeizt werden, besonders wenn die Säure ein wenig erwärmt wird oder auch die Gegenstände erwärmt und schnell in die Beize getaucht und etwas hin und her geschwenkt werden. Noch wirksamer wird die Beize, wenn man jedesmal kurz vor dem Gebrauch in derselben ein paar Körner übermangansaures Kali auflöst. Eine gleiche Wirkung hat auch das Einlegen in eine Lösung von saurem schwefelsaurem Kali (Kaliumbisulfat), und zwar etwa 80—100 g in je 1 Liter Wasser. Diese Beize wird kalt angewendet.

Rühren jedoch beim Silber die dunkeln Anlauffarben von Schwefel- oder Chlorverbindungen des Silbers her, so werden diese am besten durch tüchtiges Abreiben oder Abbürsten mit mittelstarken Bürsten unter Anwendung einer Zyankaliumlösung (etwa 40—50 g Zyankalium in 1 Liter Wasser) oder einer Lösung von unterschwefligsaurem Natron = Fixiersalz (80 g in 1 Liter Wasser) gereinigt. Kleinere Gegenstände aus Silber lassen sich auch durch Bürsten mit Zirkularbürsten unter Anwendung von Panamarinden- oder Seifenwurzelabkochung gut reinigen.

Goldgegenstände werden im allgemeinen fast nur in der gleichen Weise gereinigt, wie dies beim Silber zum Schluß erwähnt wurde, nämlich mittels Zirkularbürsten usw. Sind Goldgegenstände geglüht worden, so löscht man sie in verdünnter Salpetersäure von 1,1 spez. Gewicht ab, wodurch das durch das Glühen entstandene Kupferoxyd leicht weggelöst wird. Sollten durch längeres Liegen etwa Goldsachen, besonders nicht zu hochkarätige, angelaufen sein, so reinigt man sie durch kurzes Eintauchen in etwas erwärmte Salpetersäure von 1,2 spez. Gewicht.

Aluminium. Das Elektroplattieren des Aluminiums zählt immer noch meist zu den schwierigen Aufgaben, obgleich hierfür zwar eine ganze Reihe Vorschriften existieren und auch Patente genommen worden sind. Bei diesen Vorschriften usw. spielt die Vorbehandlung des Metalls eine sehr wichtige Rolle und so seien auch hier Angaben über Reinigung des Aluminiums beigefügt. Das Aluminium überzieht sich äußerst leicht mit einer dünnen Schicht feinen Oxyds, welche aber mit dem Auge meist nicht wahrnehmbar ist. Die Entfernung des Oxyds erfolgt durch Eintauchen in eine warme 10 vH Natronlauge, welcher so viel Kochsalz zugesetzt war, daß sich ein Rest davon nicht mehr auflöst. Das Eintauchen darf nur 10—15 Sekunden dauern. Auch Salpetersäure von 1,3 spez. Gewicht kann zum Abbeizen der Aluminiumgegenstände verwendet werden, doch wird meist erstere Beize vorgezogen.

d) Mattieren.

Im allgemeinen kommen die Elektroplattierungen so zum Vorschein, wie die Unterlage es anzeigt, d. h. bei glatten Gegenständen wird die Auflage auch glatt, bei matten jedoch matt. Die glatte Oberfläche wird nach bekannter Weise durch Polieren erzeugt. Wenn auch durch die Dekapierung die schön polierte Oberfläche ein wenig leiden sollte, d. h. ein klein wenig aufgerauht würde, so ist dies für die Elektroplattierung durchaus nicht schädlich, denn es liegt ja klar auf der Hand, daß auf einer absolut glatten Fläche ein derart hergestellter Niederschlag nicht so gut haftet, wie auf einer Fläche, die minimale Unebenheiten aufweist. Sollen indes die Artikel nach dem Plattieren trotzdem den möglichst höchsten Glanz aufweisen, so wird dies nachträglich auf mechanischem Wege bewerkstelligt durch Reiben mit einem hochglanz polierten Stahl oder einem Polierstein. Derartige Polierstähle gibt es in den verschiedensten Formen, damit man bei profilierten Gegenständen auch in jede Vertiefung usw. gelangen kann. Die Poliersteine sind feste hochglanz geschliffene Blutsteine in einem festen Griff, gut gefaßt und sind hauptsächlich für glatte Flächen bestimmt. Das Glätten mit diesen Werkzeugen geschieht unter Anwendung von Seifenwasser- oder Panamarinden- oder Seifenwurzelabkochung. Die Glättinstrumente werden öfters auf einem passenden Lederriemen abgestrichen, um ja ihren Hochglanz zu behalten oder immer wieder zu erneuern.

Mattieren auf chemischem Wege.

Sehr häufig kommt es nun aber vor, daß die plattierten Gegenstände matt erscheinen sollen, und da muß dann von vornherein der Untergrund mattiert werden. Letzteres geschieht nun sehr häufig auf chemischem Wege, aber öfters wohl mittels mechanischen Vorrichtungen, weniger gebräuchlich ist die Herstellung einer matten Unterlage auf elektrolytischem Wege. Die chemischen Mattierungen sind naturgemäß verschieden, je nachdem dieses oder jenes Metall vorliegt. Wir müssen infolgedessen auch hier die Metalle einzeln besprechen.

Kupfer und Kupferlegierungen können durch die Glanzbrenne mattiert werden, wenn man sie etwas länger in der Beize liegen läßt. Durch kurzes Herausnehmen aus derselben kann man den Grad der Mattierung leicht beobachten und bei genügender Wirkung den Prozeß unterbrechen.

Man kann außer der Glanzbrenne auch ähnlich zusammengesetzte, sogenannte Mattbrennen verwenden. Eine solche ist zusammengesetzt aus:

1 kg konzentrierter Schwefelsäure,
1,5 kg Salpetersäure von 1,4 spez. Gewicht,
8 g Kochsalz,
10 g Zinkvitriol.

Die Säuren müssen, wie früher schon angegeben, vorsichtig und nach und nach zusammengegossen werden, d. h. die Schwefelsäure in kleinen Portionen in die Salpetersäure. Die Beize muß völlig erkalten, ehe sie angewendet wird. Wünscht man ein stärkeres Matt, so erhöht man den Zusatz von Zinkvitriol. Eine sogenannte französische Mattbrenne, welche auch immer sehr guten Erfolg zeitigt, wird bei gelinder Wärme angewendet und ist zusammengesetzt aus:

1 kg Salpetersäure von 1,4 spez. Gewicht,
worin 50 g Zink gelöst sind,
1 kg konzentrierte Schwefelsäure,
50 g Chlorammonium (Salmiak),
50 g Schwefelblüte,
50 g Glanzruß.

Natürlich muß stets nach Anwendung der Beizen mit reichlichst viel Wasser nachgespült und am besten etwas gebürstet werden, wodurch ein zu stumpfes Matt wieder etwas belebt wird. Um dem stumpfen Matt ein besseres Aussehen zu geben, zieht man die gut getrockneten Gegenstände ganz kurze Zeit, etwa 1—2 Sekunden, noch einmal durch die Glanzbrenne.

Messing. Für Messing gibt es direkt eine Messingmattbeize, welche sehr zu empfehlen ist. Sie ist zusammengesetzt aus:

100 g doppeltchromsaurem Kali (Kaliumbichromat),
100 g konzentrierter Schwefelsäure,
1 Liter Wasser.

Erhöht man den Zusatz des doppeltchromsauren Kalis, so wird das Matt immer feiner. In dieser Messingmattbeize verbleiben die Gegenstände unter öfterem Bewegen etwa 10 Minuten. Ist die Lösung etwas erwärmt, wird der Prozeß etwas beschleunigt.

Verwendet man folgende Messingmattbeize, bestehend aus 1 Liter gesättigter Lösung von doppeltchromsaurem Kali und 2 Liter konzentrierter Salzsäure, so müssen darin die Gegenstände etwa 1—2 Stunden liegen bleiben. Das Matt ist dann etwas stumpf und die Gegenstände werden nach guter Trocknung noch durch die Glanzbrenne gezogen.

Zink wird mattiert, indem man die bestens gereinigten Gegenstände in eine konzentrierte Lösung von salpetersaurem Zink taucht, die mit ein paar Tropfen Salpetersäure angesäuert wurde.

Silber wird auf chemischem Wege sehr schön durch das sogenannte Weißsieden[1]) mattiert, ein Verfahren, das gleichzeitig auch bestens geeignet ist, dem Silber ein prachtvolles, weißes Aussehen zu geben, wenn man auch nicht beabsichtigt, es nachher

---

[1]) Unter Weißsieden versteht man auch das Überziehen kleiner Massenartikel mit einer äußerst dünnen Silberhaut, im sogenannten Silbersud.

zu plattieren. Die Rezepte des Weißsiedens sind verschieden; sie führen alle zum gewünschten Ziele, wenn mit der nötigen Sorgfalt verfahren wird und vor allem, wenn man sich die Mühe nicht verdrießen läßt, die betreffende Operation verschiedene Male zu wiederholen. Gerade hierin liegt die Hauptursache des Erfolges.

Da Silber stets mit Kupfer legiert ist, beruht das Mattieren bzw. Weißsieden darauf, daß man an der Oberfläche dieses Kupfer weglöst und so das mit diesem legierte Silber freilegt, welches nun nicht mehr in kompakter Masse, sondern in einzelnen, aber fest zusammenhängenden Partikelchen vorhanden ist. Sonach ist es auch erklärlich, daß sich die nicht so hoch silberhaltigen Artikel leichter weiß sieden lassen, als die hochhaltigen. Denn bei ersteren ist es leichter das Kupfer, weil in größerer Menge im Verhältnis zum Silber vorhanden, zu ergreifen und herauszulösen, als dies bei den hochhaltigen der Fall ist, wo verhältnismäßig viel weniger Kupfer von viel Silber festgehalten wird. Die weiß zu siedenden Artikel werden zuerst stets geglüht, um das an der Oberfläche vom Sauerstoff erreichbare Kupfer zu oxydieren. Dann werden diese Oxydschichten mittels der Mattbrenne weggelöst; es wird gut getrocknet, wieder schwach geglüht usw. bis nach Wiederholung von 3—5mal dieser Arbeit, das Stück das gewünschte Aussehen erhalten hat. Diese verschiedenen Beizen sind nun

1. Verdünnte Schwefelsäure = 25—35 g konzentrierte Säure in 1 Liter Wasser, der man nach Bedarf einige Körnchen übermangansaures Kali (Kaliumpermanganat) zusetzt. Besonders ist dieser Zusatz notwendig, wenn recht geringhaltiges Silber vorliegt, also solches, bei dem sehr viel Kupfer vorhanden ist. Die Notwendigkeit dieses Zusatzes ist stets gegeben, wenn sich nach dem ersten Beizen etwa noch rötliche Flecken, von schwerlöslichem Kupferoxyd herrührend, auf der Silberoberfläche zeigen sollten.

2. 20 g Weinstein, feingepulvert, und 40 g reines Chlornatrium (Kochsalz) in 1 Liter Wasser gelöst und zum Sieden erhitzt. Man taucht etwa 8—10 Minuten lang ein.

3. 100 g doppeltschwefelsaures Kalium werden in 1 Liter Wasser gelöst und die Objekte in die kalte Lösung getaucht. Auch hier empfiehlt es sich, jeweils ein paar Körnchen übermangansaures Kali zuzugeben.

4. 250 g Pottasche, 24 g Borax und 10 g Salpeter werden in etwa 300 g Wasser gelöst, zum Sieden erhitzt und die Gegenstände etwa 10 Minuten in der kochenden Lösung belassen. Es muß ständig das verkochende Wasser durch Zugabe heißen Wassers ersetzt werden.

Gold kann auf chemischem Wege mattiert werden, wenn man es einem sogenannten Färbeprozeß unterwirft. Es geschieht dies, indem man ein Gemisch von gleichen Gewichtsteilen Kochsalz und Alaun sowie die doppelte Menge Salpeter gerade in soviel Wasser gibt, daß sich diese Salze darin in der Wärme lösen. Man erwärmt weiter, bis die Salze sich wieder auszuscheiden beginnen. Nun werden einige Kubikzentimeter starker Salzsäure von 1,15 spez. Gewicht hinzugegeben, daß sich gerade die Salze wieder völlig lösen. Nun werden in diese heiße Lösung, die an Platin- oder Silberdrähte aufgehängten Gegenstände einige Minuten (3—4) unter Hin- und Herbewegen eingetaucht, schnell in bereit gehaltenes kochendes Wasser in zwei verschiedenen Gefäßen nacheinander abgespült, jetzt in kaltem Wasser recht ordentlich durch stetes Bewegen von den letzten Resten etwa noch anhaftender Färbesalze befreit, nochmals in reines kochend heißes Wasser getaucht und nun zum Trocknen auf warme Tücher gelegt. Der chemische Vorgang ist folgender: Die den Salzen zugesetzte freie Salzsäure bewirkt die Entstehung von Chlor (etwa auf dem Umwege entstandenen Königswassers). Hierdurch wird ein Teil des eingehängten Goldes aufgelöst. Da nun aber in der Goldlegierung Kupfer vorhanden ist, so bewirkt dieses ein Niederschlagen des gelösten Goldes auf den Gegenstand, allerdings in höchst dünner Schicht und in feinster Form, welche nun dem Gegenstand das matte Aussehen von Feingold verleiht. Es ist hiernach auch ersichtlich, daß nur Artikel mit höherem Goldgehalt, die aber auch mit genügend Kupfer legiert sind, sich auf diese Weise färben, bzw. mattieren lassen, während bei Goldlegierungen mit viel Silber und wenig Kupfer dies nicht oder nur schwer der Fall ist. Da sich nicht alles aufgelöste Gold wieder abscheidet, so verbleibt ein ziemlicher Rest in den Farbsalzen, welche deshalb natürlich gesammelt und verwertet werden. Ein und dieselbe Färbemasse verwendet man nur für Gegenstände derselben Legierung, und zwar auch etwa nur zwei bis höchstens dreimal. Muß wieder etwas Wasser nachgegeben werden, weil ja durch das ständige Erwärmen der Salzbrei ständig verdickt wird und wohl ganz einzutrocknen droht, so darf dies niemals geschehen, wenn Waren in der Masse sich befinden.

Die derart mattierten Goldwaren werden nun allerdings in wenigen Fällen mit einem anderen Überzug versehen, vielmehr ist dies Mattieren oder Färben Selbstzweck, um den Artikeln den schönen matten Goldton zu verleihen.

Vorgenommen wird diese Arbeit des Färbens in speziell dafür bestimmten Farbgefäßen, d. h. sehr billigen, innen glasierten nicht sehr festen Tontöpfen, die natürlich die Arbeit des Färbens nicht mehrmals aushalten. Man kann aber auch die Arbeit in porzellanenen Gefäßen ausführen, die je nach Qualität und aufmerksamer Bedienung sehr lange oder fast unbegrenzt in Benutzung genommen werden können.

Mechanische Mattierung.

Die mechanische Mattierung ist nun gleichmäßig für alle Metalle anwendbar und geschieht einmal mittels Bürsten oder mittels Sandstrahlgebläse. Das Mattieren mittels Bürsten wird in verschiedener Weise ausgeführt und erfordert immerhin einige Handfertigkeit und Übung, um ein gleichmäßiges Aussehen zu erzielen, die aber ziemlich leicht zu erlernen ist. Die für diesen Zweck verwendeten Bürsten sind stets Zirkularbürsten, ähnlich wie die Polierbürsten, nur mit Draht statt mit Borsten versehen; und werden auch durch Kratz- oder Poliermotore bewegt. Die Stärke dieses Drahtes richtet sich jeweils nach der Art der gewünschten Mattierung. Soll diese zart ausfallen, wird man Bürsten mit dünnen Drähten, und je gröber sie werden soll, wird man Bürsten mit starken Drähten auswählen. So hat man Drahtstärke von 0,05—0,15 mm. Diese Rund- oder Zirkularbürsten sind meist aus Stahldraht, jedoch für weichere Gegenstände verwendet man lieber solche aus Messingdraht. Der Draht ist entweder glatt oder auch leicht gewellt. Auch hat man Bürsten, bei welchen die einzelnen Drahtbüschel auswechselbar sind. Ferner gibt es solche, wo nicht nur einreihige Büschel, sondern zwei- und mehrreihige Büschel vorhanden sind. Eine ganz besondere Art Bürsten sind die Schleudermattbürsten. Bei diesen sind 6—8 Büschel durch Ringe an dem Bürstenkern eingehängt und werden solcherart dann bei Drehung der Bürste in großem Bogen herumgeschleudert. Die zu mattierenden Gegenstände werden natürlich nur bis ganz dicht an die äußerste Spitze der Bürste gehalten, wodurch kleine Vertiefungen erzeugt werden, welche die Mattierung hervorrufen. In den meisten Fällen wird trocken mattiert, jedoch in einzelnen Fällen auch unter Zuhilfenahme von Seifenwasser.

Am besten läßt sich das Mattieren mit Hilfe eines Sandstrahlgebläses ausführen. Bei diesem wird durch einen, meist von einem Motor, selten etwa bei kleinen Betrieben durch Fußtrittgebläse hervorgerufenen Luftstrom gegen die zu mattierenden Gegenstände entstaubter Sand geschleudert, oder wie dies wohl jetzt meist der Fall ist, Glaskörnchen von jeweils verschiedener aber ganz bestimmter Größe. Für sehr feine Körnung hat man Glasstückchen ungefähr von der Größe eines viertel Stecknadelkopfes. Je gröber dann die Mattierung werden soll, um so gröbere Glasstückchen verwendet man, bis etwa zur Linsengröße. Der früher meist verwendete Sand gibt nur ein äußerst totes Matt; daher wurden die matt bearbeiteten Gegenstände hinterher erst noch durch die Glanzbrenne gezogen, um eine Belebung hervorzurufen, während die Anwendung des scharfkantigen Glases die Metalloberfläche gleichsam aufgerissen und nicht nur geradwandig eingedrückt hat, somit dann ein etwas glänzenderes, belebtes Matt erscheint. Möchte man bei einigen Gegenständen nur einige Stellen mattieren und bei anderen den ursprünglichen Glanz erhalten lassen, so kann man diese mittels Schablonen oder entsprechend geformten Papierstreifen abdecken, bevor man mit dem Sandstrahlgebläse mattiert. Es lassen sich hierdurch schärfste Konturen abzeichnen und somit sehr schöne Wirkungen erzielen.

Arbeiter, welche öfters mit dem Sandstrahlgebläse zu mattieren und die betreffenden Gegenstände mit den Händen gegen den Sand- oder Glasstrahl zu halten haben, müssen zum Schutz ihrer Hände Gummi- oder auch lederne Handschuhe anziehen. Alle auf mechanischem Wege mattierten Gegenstände könnten sofort in ein Elektroplattierbad eingehängt werden, da durch diese Oberflächenbehandlung etwa vorhanden gewesene Oxyde entfernt wurden, aber meist sind die Objekte bei dieser Operation mit den Händen angefaßt worden. Sie müssen demgemäß nun von Schweiß- bzw. Fetteilchen gereinigt werden. Bei kleinen Gegenständen genügt ein kurzes Abspülen oder Abreiben mit Benzin oder Tetrachlorkohlenstoff, während größere Gegenstände in heißer Natronlauge vollends zu entfetten sind.

Galvanisches Mattieren.

Am wenigsten angewendet wird das galvanische Mattieren. Es wird dies derart ausgeführt, indem man die zu mattierenden Gegenstände, natürlich nach absolut genügender Reinigung von Fett und Oxyden, in ein saures Kupferbad als Kathode einhängt. Aus einem solchen Bade schlägt sich das Kupfer in kleinen Kristallen, gleichsam körnig nieder, wodurch eine etwas gerauhte, somit matt erscheinende Fläche sich darbietet. Die Zusammensetzung des sauren Kupferbades ist folgende:

In je 1 Liter Wasser sind gelöst:
120—180 g Kupfervitriol, wozu noch
30— 40 g konzentrierte reine Schwefelsäure gegeben wird.

Als Anoden nimmt man ungewalzte Bleche aus Elektrolytkupfer. Die Badspannung soll nicht über 1 Volt betragen. Die Dauer des Einhängens beträgt 20—30 Minuten. Danach werden die Gegenstände recht schnell mit viel Wasser abgespült und können nun sofort in das Plattierbad eingehängt werden.

Das elektrisch niedergeschlagene Kupfer ist äußerst empfindlich und oxydiert sich äußerst leicht.

Schöne Effekte lassen sich auch erzielen, wenn nur teilweise mattiert werden soll und einige Stellen ihren Glanz behalten sollen. Letztere werden mit Decklack abgedeckt, welcher nach dem Niederschlagen des Kupfers wieder mit Terpentin, Benzin usw. abgewaschen wird. Eine weniger angewendete, aber doch äußerst effektvolle elektrolytische Mattierung ist das Überziehen der Gegenstände mit einem Silberniederschlag in dem später angegebenen Silberbad. Für Massenartikel kommt wohl diese Methode, wegen der erhöhten Kosten, bedingt durch den hohen Preis des Edelmetalls, weniger in Frage, wenn es sich aber um wenige Gegenstände handelt, welche besonders schön im Aussehen hergestellt werden sollen, ist diese Methode wohl zu empfehlen. Sollen Objekte aus Zink, Zinn, Britannia usw. elektrisch mattiert werden, so müssen sie zunächst in einem zyanalkalischen Kupferbad plattiert werden, da sonst der Niederschlag nicht gut haftet.

e) Abdecken oder Aussparen.

Ist beabsichtigt, nicht den ganzen Gegenstand, sondern nur ein oder mehrere Teile desselben mit einem Überzug zu versehen, so müssen diejenigen Teile, welche frei bleiben sollen, mit einem Überzug versehen werden. Für einen solchen bedient man sich des Aussparlacks. Dieser ist in den einschlägigen Geschäften zu kaufen oder man kann ihn, wenn große Mengen gebraucht werden sollten, auch selbst herstellen. Hierzu schmilzt man 200 g Kolophonium, 250 g Asphalt und 150 g Wachs zusammen und löst unter schwachem Erwärmen die Masse in 1 kg Terpentinöl. Da diese Ingredienzien sehr leicht brennbar sind, ist größte Vorsicht geboten.

Ein anderes auch sehr gutes Rezept lautet:

100 g gelbes Wachs,
100 g Asphalt,
20 g schwarzes Pech,
20 g weißes Burgunderpech

werden zusammengeschmolzen unter Zugabe von 100g gepulvertem Asphalt. Die Masse wird in kaltes Wasser ausgegossen, gut getrocknet und nun unter schwachem Erwärmen in 750 g Terpentinöl gelöst.

Decklack. Der fertige Decklack muß etwa so dünnflüssig sein wie Syrup und sich mit dem Pinsel gut auftragen lassen zu Zeichnungen mit scharfen Umrissen. Der nicht dick aufgetragene Lack soll in 6—8 Stunden gut getrocknet sein. Ist der Lack ein wenig zu stark aufgetragen oder war er etwas zu dünnflüssig, muß man oft bis 24 Stunden zum vollen Trockenwerden warten. Natürlich muß gut Obacht gegeben werden, daß die zu plattierenden Stellen nicht im geringsten verunreinigt werden.

Eine andere Art des Abdeckens oder Aussparens ist die, daß man den angewärmten Gegenstand in flüssiges Paraffin eintaucht und nach dem Herausnehmen gut ablaufen läßt. Der ganze Gegenstand ist mit einer dünnen Paraffinschicht überzogen und nach dem völligen Erkalten kann nun mittels dazu geeigneter Instrumente, wie Hartholz und dergleichen, die Fläche von dem Paraffin gesäubert werden, welche einen Überzug erhalten soll.

Die mit Deck- oder Aussparlack versehenen Objekte dürfen nicht in warmen Bädern plattiert werden, da diese Lacke usw. in der Wärme weich werden, wodurch einmal am Objekt der gewünschte Erfolg vollständig in Frage gestellt wird und dann auch das Bad verunreinigt werden würde. Ein sehr langes Belassen abgedeckter Gegenstände in alkalischen Bädern ist nicht vorteilhaft, da in solchen die Decklacke leicht angegriffen werden und eventuelll nach längerer Zeit ganz abgehoben werden würden.

Ist die Elektroplattierung ausgeführt, so werden die Decklacke mittels Benzin, Benzol oder meist mit Terpentinöl abgewaschen. Es geht dies besonders leicht, wenn sowohl die Objekte als auch das Abwaschmittel ein wenig erwärmt wurden. Die mit Paraffin ausgesparten Gegenstände werden in heißes Wasser (mindestens 50°) getaucht, wodurch das Paraffin sich vollständig ablöst, an die Oberfläche des Wassers geht und nach Erkalten abgenommen und wieder verwendet werden kann.

Sollen an einem Gegenstand nicht nur zwei, sondern noch mehr verschiedenartige Plattierungen vorgenommen werden, so wird man derart verfahren, daß der ganze Gegenstand eine Grundplattierung erhält, und zwar etwa von derjenigen, welche die größte Fläche haben soll, dann wird davon das abgedeckt, was sichtbar bleiben soll und nun wird der zweite Überzug gegeben; dann wird davon wieder agbedeckt, was hiervon sichtbar bleiben soll und so wird je nach Bedürfnis fortgefahren, so daß man mehrere Färbungen, bzw. Niederschläge nebeneinander am gleichen Objekt hat, z. B. Silber, Rotgold, Gelbgold und Grüngold usw.

3. Allgemeine Regeln.

Ehe wir zu speziellen Angaben über Elektroplattieren übergehen, seien noch einige allgemein gültige Regeln und Betrachtungen jenen vorausgeschickt.

Die Räumlichkeiten für die Elektroplattierung richten sich natürlich in erster Linie nach der Art und Größe des Betriebes. So gibt es kleine Vergoldereien, die ihren ganzen Betrieb in einem einige Quadratmeter messenden Raum untergebracht haben, während Fabriken für versilberte Tafelbestecke usw. sowie große Vernickelungs-, Verkupferungs- usw. Anstalten große Säle neben entsprechend kleinen Räumlichkeiten zur Verfügung haben. Wo mit Säuren gebeizt wird, sollten unbedingt diese Arbeiten in einem gesonderten, natürlich äußerst gut zu lüftenden Raum vorgenommen werden. Am besten geschieht das Beizen unter gut funktionierenden Abzügen, denn die beim Beizen entstehenden Gase sind stets sehr gesundheitsschädlich. Aber nicht nur die Arbeiten des Beizens, sondern auch alle anderen Reinigungsarbeiten sowie Polieren usw. sollen nicht im Elektroplattierraum vorgenommen werden. Ausgenommen hiervon ist natürlich die Reinigung mittels des elektrischen Stromes, die auch im Bäderraum vorgenommen wird. Auch die Stromquellen, wie Dynamos, Umformer und Akkumulatoren sollen im Nebenraum ihre Aufstellung erhalten, jedoch in möglichster Nähe der Bäder, da durch eine zu lange Leitung nur unnötiger Stromverbrauch stattfindet. Das Zaponieren der Waren soll auch stets in einem Nebenraum erfolgen. Das Blankkratzen der plattierten Gegenstände kann im Bäderraum vorgenommen werden. Gute Lüftung muß in jedem Raum, sowie gute Wasserleitung und bei sehr großen Räumen möglichst an verschiedenen Stellen vorhanden sein.

Die Temperatur im Bäderraum und diejenige der Bäder soll niemals unter 18° C kommen, da sonst die Bäder sehr schlecht arbeiten. Bei Bädern, welche eine höhere Temperatur haben müssen, ist dies jedesmal besonders angegeben.

Leitungen, Kontakte und Verbindungsstellen. Ganz besonders wichtig ist es, speziell bei etwas größeren Anlagen, die Leitungen, Kontakte und Verbindungsstellen stets zu prüfen und sich über ihre tadellose Beschaffenheit zu unterrichten. Von der Stromquelle an muß zunächst ein der Stromstärke entsprechend genügend starker Draht den Strom leiten. Bei den einzuschaltenden Widerständen müssen alle Kontaktknöpfe sowie die Einschalthebel oder Scheiben völlig metallblank gehalten werden. Die Verbindungsstellen bei Abzweigungen von der Hauptleitung, sei es, daß diese durch Löten oder Kapseln angeordnet sind, sollen möglichst oft nachgesehen und gereinigt werden, vor allem muß während des Betriebes beobachtet werden, ob sie sich nicht etwa erwärmen, damit für diesen Fall sofort Änderungen getroffen werden müssen. Die Zuleitungen zu den Bädern müssen offen liegen, um stets beobachtet werden zu können, daß nirgends Kurzschluß stattfindet. Die Schienen über den Bädern, an welchen die Waren und Anoden aufgehängt werden, sollen stets äußerst sauber gehalten werden und mit den Zuleitungen in besten Kontakt gesetzt werden können. Die Anoden müssen an die positive Stromleitung und die Warenleitung an die negative Stromzuleitung angebracht werden. Das Anhängen der Anoden soll möglichst mit Blechstreifen an die Zuleitungsstangen erfolgen (Abb. 10), oder zum mindesten durch nicht zu schwache, flach gewalzte Drähte (Abb. 11). Die Waren werden möglichst an gleichen Drähten aufgehängt. Ein stetes Reinigen der Laufschienen und Aufhängedrähte ist unbedingt erforderlich und darf nie verabsäumt werden.

In den meisten Fällen ist es gut, wenn der Strom eingeschaltet ist und nun die Waren eingehängt werden, nachdem natürlich schon die Kathoden vorher vorhanden waren. Im allgemeinen wird man bei Plattierungen, die einige Zeit erfordern, die Anordnung treffen, daß die Waren zwischen zwei Anoden zu hängen kommen. Soll jedoch die Plattierung nur eine schwache sein, bzw. nur wenig Zeit in Anspruch nehmen, genügt es meist, mit einer Anode oder Anodenreihe zu arbeiten, da die Ware in diesem

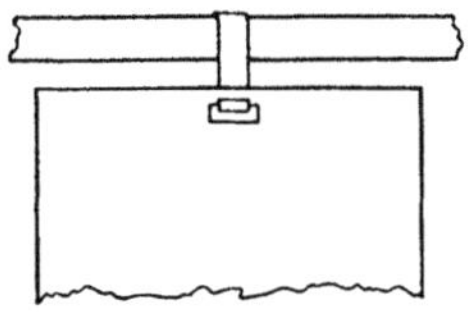

Abb. 10.

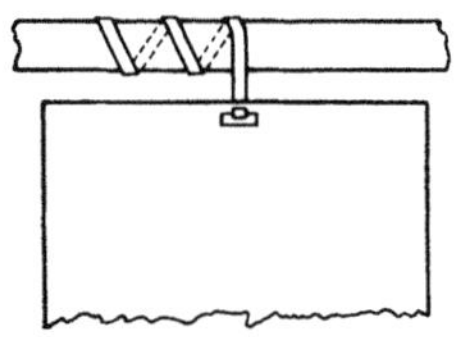

Abb. 11.

Falle im Plattierbad bewegt, d. h. hin- und hergeschwenkt und gedreht wird, wie dies meist bei Vergoldungen der Fall ist. Bei Bädern, die äußerst gut streuen, d. h. bei denen dann die elektrischen Wellen nicht nur in gerader und kürzester Linie von der Anode zur Kathode gehen, sondern um letztere auch leicht herumstreichen, werden vielfach auch bei längerem Belassen im Bade und stärkeren Auflagen des Niederschlages nur einseitig Anoden verwendet, aber dann ist es ganz unerläßlich, daß die Waren womöglich öfters umgehängt, d. h., daß doch alle Seiten einmal der Anode zugewendet werden müssen.

Da die Badflüssigkeit dem elektrischen Strom einen gewissen Widerstand entgegensetzt, so sucht man die vom Strom zu durchdringende Flüssigkeitsmenge dadurch möglichst zu verringern, daß man Anode und Kathode nicht zu weit auseinander hängt. Gar zu nahe darf dies natürlich auch nicht geschehen, besonders nicht bei etwas stärker profilierten Gegenständen. Denn der elektrische Strom hat immerhin das Bestreben, sich den kürzesten Weg zu suchen, und so würden die hervorragenden Teile vorzüglich an der Stromleitung teilnehmen und solcherart andere tiefer liegende Teile wenig oder womöglich gar nicht in Tätigkeit treten lassen. Auch wo dieser Punkt nicht in Frage kommt, wie bei ganz glatten Gegenständen, ist eine gewisse Grenze des Unterschreitens der Entfernung von Anode und Kathode zu vermeiden, wenn ein etwas stärkerer Niederschlag erzielt werden soll, d. h. die Objekte länger im Bad gelassen werden sollen. Denn auch bei löslichen Anoden ist immerhin der Metallgehalt zwischen Anode und Kathode ziemlich großen Schwankungen unterworfen, besonders wenn zwischen diesen beiden Elektroden nur eine kleine Flüssigkeitsmenge vorhanden ist. Solcherart ist an der Warenseite eine ziemliche Metallverarmung des Elektrolyten zu beobachten und eine dadurch nicht ganz einwandfreie Elektroplattierung. Um dem Strom den Durchgang durch die Badflüssigkeit zu erleichtern, werden in derselben oft sogenannte Leitsalze aufgelöst, oder man verringert somit den Widerstand des Bades und wir haben den Vorteil, daß wir bei gleichbleibender Spannung nun die Stromstärke erhöhen können, wie dies auch aus dem Ohmschen Gesetz sich ergibt, welches lautet: $\frac{\text{Spannung}}{\text{Widerstand}} = \text{Stromstärke.}$

Leitsalze. Als Leitsalze wählt man neben anderen auch öfters solche Salze, welche noch imstande sind, eine andere Wirkung im Bade auszuüben, nämlich die etwa entstehenden oxydierenden Erscheinungen auf sich zu lenken, bzw. unbeschadet ihrer Leitfähigkeit sich zu oxydieren und so andere Teile des Bades davor zu bewahren. Da ist z. B. vor allem das schwefligsaure Natron in manchen Bädern anzuführen, welches leicht Oxyd aufnimmt und sich zu schwefelsaurem Natron oxydiert.

Wo immer angängig, soll man nur mit löslichen Anoden arbeiten, da man hierdurch vielle Vorteile genießt. Dem Strom muß hierdurch Gelegenheit geboten werden, nützliche Arbeit zu verrichten, denn bei unlöslichen Anoden wird stets die Badflüssigkeit zersetzt, ohne den geringsten Vorteil zu bieten. Vor allem aber wird bei unlöslichen Anoden das Bad in kurzer Zeit metallarm und man muß entweder die entsprechenden Metallsalze in gelöster Form dem Bad wieder hinzufügen oder gar das ganze Bad erneuern.

Auch bei vielen Bädern mit löslichen Anoden tritt im Laufe der Zeit eine allmähliche Verarmung an Metall ein. Es ist dies wenig oder absolut unwesentlich in sauern Bädern, wie Kupfergalvanoplastikbädern, der Fall, wohl aber in zyankalischen Bädern, z. B. in Messing-, Kupfer- und Zinkbädern, aber auch in gewissem Grade in neutralen oder nur äußerst schwach sauern Bädern wie Nickelbädern. Bei solchen ist es also trotz löslicher Anoden erforderlich, um das Bad auf seinem annähernd gewünschten Metallgehalt zu halten, von Zeit zu Zeit entsprechende Metallsalze, bzw. starke Metallsalzlösungen hinzuzugeben.

Reinhalten der Bäder. Zur Erzielung absolut tadelloser Niederschläge ist es erforderlich, daß die Bäder stets von Unreinheiten freigehalten werden müssen. Sind aber solche, wie dies vielfach bei längerem Gebrauch doch geschieht, in die Flüssigkeit hineingekommen, so müssen sie abfiltriert oder durch ruhiges Absetzenlassen und Abhebern der Flüssigkeit entfernt werden. So ist auch beim Ansetzen der Bäder stets darauf zu achten, daß alle hierbei notwendigen Ingredienzien und Salze vollständig gelöst sind. Bleiben jedoch Trübungen zurück oder haben sich irgendwelche Abscheidungen beim Zusammengeben der einzelnen Lösungen gebildet, so muß auch filtriert oder absetzen gelassen werden, um nun die klare Lösung verwenden zu können.

Zwischenüberzug. Es ist darauf zu achten, auf was für Metalle die Niederschläge erfolgen sollen, denn es ist leider nicht möglich, auf sämtliche vorkommende Metalle, auch wenn sie noch so gut gereinigt sind, gleichmäßig gute Niederschläge zu erzielen. Es handelt sich in der Hauptsache um die Metalle Eisen, Zink und Zinn und die Legierungen, wie Britanniametall (Zinn + Antimon) usw., die sich nicht in jeglichem Metallbad gut mit einem Überzug versehen lassen. Wohl aber hat man auch für diese dazu die Möglichkeit und macht vollauf Gebrauch davon, indem man sie mit einem gut haftenden Zwischenüberzug versieht, der meist aus Kupfer oder öfters auch aus Messing besteht. Bei Besprechung der betreffenden Bäder soll dieser Punkt noch näher erwähnt werden.

Größe der Bäder. Die Größe der Gesamteinrichtung einer Elektroplattieranlage und somit auch die Größe der Bäder richtet sich natürlich nach der Anzahl der im Durchschnitt in bestimmter Zeit zu überziehenden Gegenstände. Wächst in dieser Beziehung die Arbeitslast, so vergrößert man die Anzahl der Bäder, aber verringert auf keinen Fall die Einhängedauer der Objekte, um schneller neue Objekte einhängen zu können, in der Meinung, daß wohl auch derart eine größere Arbeit zu bewältigen wäre. Die Güte des Niederschlages würde leiden und ein erworbener guter Ruf des Geschäfts könnte sich bald ins Gegenteil verwandeln. Hat man aber nur einige wenige Artikel zu elektroplattieren und läßt sich der Strom nicht durch Widerstände usw. leicht auf ein bestimmtes geringes Maß reduzieren, will man aber doch die Arbeit nicht liegen lassen und sie mit der gewohnten Sorgfalt, d. h. bei guten Stromverhältnissen vor allem bei nicht zu hoher Spannung, ausführen, so kann man sich leicht helfen, wenn man zu der zu geringen Warenmenge noch entsprechend Anoden hängt, um nun derart eine genügend große Kathodenfläche zu schaffen, um mit den hierfür nun normalen Stromverhältnissen gut arbeiten zu können.

Die fertig plattierten Waren bedürfen auch noch einiger aufmerksamer Behandlung, damit sie dem Auge in genügend befriedigender Art erscheinen. Vor allem gilt es, die noch an den Objekten hängenden Flüssigkeitstropfen der Bäder zu entfernen. Zunächst wird man in reinem Wasser tüchtig abspülen, und war die Plattierung in einem saueren Bad vorgenommen worden, löst man vorher in diesem Wasser etwas Soda oder Ätznatron. Waren Niederschläge von Edelmetallen ausgeführt, so nimmt man die erste Abspülung von vielen Objekten im gleichen Wasser vor und läßt dieses dann zusammen mit anderen edelmetallhaltigen Wässern von einer Scheideanstalt aufarbeiten. Nach fertigem Abspülen taucht man die Ware in heißes Wasser und legt sie in einen Trockenschrank, mit Dampf- oder Gasheizung, bei 80—90°. Hat man viele kleine Gegenstände plattiert, so bringt man sie auch nach genügendem Waschen in ein Schleudergefäß, wo unter starker Zentrifugalkraft und womöglich noch durch Zuleitung warmer Luft die Trocknung schnell vor sich geht. Noch eine andere, auch sehr viel angewendete Methode des Trocknens ist die in heißem Sägemehl. Hierzu eignet sich natürlich nur solches, welches mögsichst harzfrei ist, also von Pappel und Buche. Sehr bewährt haben lich für diesen Zweck heizbare Sägemehl-Trockentrommeln.

Sollen verhältnismäßig starke Elektroplattierungen ausgeführt werden, so ist es stets von Vorteil, diese Arbeit nicht durch ein einmaliges Einhängen der Ware fertig stellen zu wollen, sondern nach einer bestimmten Zeit die Ware herauszunehmen und mit einer Metallzirkularbürste tüchtig zu kratzen. Einmal werden hierdurch kleine, vielleicht mit dem Auge noch nicht wahrnehmbare Unebenheiten glatt gedrückt und dann würde es sich auch schon jetzt zeigen, ob der Niederschlag ordentlich haftet, denn zeigt sich jetzt schon hierin ein Mangel, so würde dies später erst recht der Fall sein und es wäre unnötig viel Zeit usw. auf den fehlerhaften Gegenstand verwendet worden. Zeigt sich beim Kratzen kein Fehler, so wird wieder eingehängt und die Arbeit kann weitergehen. Später kann zwischendurch immer wieder noch einmal diese Arbeit vorgenommen werden. Das Kratzen wird unter Zuhilfenahme von Panamarinde- oder Seifenwurzelabkochung vorgenommen.

Die galvanischen Metallüberzüge von Kupfer und Silber sind verhältnismäßig leicht von den Atmosphärilien angreifbar. Um aber den betreffenden Gegenständen ihr schönes Aussehen zu bewahren, entweder, wie sie direkt aus dem Plattierbad kommen, z. B. bei Silber mit dem prachtvollen Matt oder nach dem Kratzen mit schönem Glanz, überzieht man sie mit einem Lack, der natürlich für diesen Fall absolut wasserklar und farblos sein muß. Der Lack muß die Eigenschaft besitzen, daß er an dem Gegenstand absolut gut haftet, schnell erhärtet zu einer festen Schicht, nicht rissig wird und auch nicht leicht abspringt. Alle diese guten Eigenschaften weist der Zaponlack auf. Es ist dies eine Lösung von Zelluloid in einem Gemisch von Amylazetat und Azeton. Der fertig käufliche Zaponlack ist meist etwas zu dickflüssig, weshalb man meist noch nötig hat, sich neben diesem ein Verdünnungsmittel „die Zaponverdünnung“ zu halten. Es ist nämlich erforderlich, daß der Auftrag des Lackes nur eine äußerst dünne Haut darstellen darf, sonst erhalten die zaponierten Gegenstände ein irisierendes Aussehen. Ist der Zaponlack genügend verdünnt, so kann man die zu zaponierenden Gegenstände eintauchen und nach dem Herausnehmen gut ablaufen lassen. Vorteilhafter und meist üblicher geschieht das Zaponieren mittels einer entsprechenden Spritzpistole. Aus dieser wird der dünne Lack in feinster Verteilung gegen das Objekt geschleudert und in feinster geschlossener Schicht darauf abgelagert. Dies derartige Zaponieren soll aber unbedingt nicht im Baderaum vorgenommen werden, wie dies leider vereinzelt beobachtet werden kann. Unter diesem Zaponlack bewahren die Gegenstände äußerst lange ihr schönes Aussehen, zumal auch der Lack abwaschbar ist. Für ganz bestimmte Zwecke kann man auch den Lack mit entsprechenden Anilinfarben färben und damit dann gewünschte schöne Farbwirkungen erzielen.

4. Spezieller Teil.

a) Kupferniederschläge.

Soll ein Gegenstand mit einem Kupferüberzug versehen werden, so ist zunächst darauf zu achten, zu welchem Zweck der Niederschlag erfolgen soll, denn danach wird sich die Art des zu verwendeten Bades usw. richten. Der seltenste der Fälle dürfte der sein, daß man behufs Erzielung einer matten Unterlage auf einen Gegenstand diesen mit einer Kupferschicht überziehen will, es geschieht dies in einem sauren Kupferbad[1]). Ein anderer sehr großer Zweig der Galvanotechnik ist die Herstellung von Kupferplastiken. Hier handelt es sich dann allerdings weniger um festhaftende Niederschläge, die der Unterlage dauernd anhaften sollen, vielmehr soll diese von dem Niederschlage abgenommen werden und letzterer soll dann das Endprodukt der Arbeit darstellen, mithin auch eine bestimmte Stärke und Festigkeit besitzen. Auch für diesen Fall bedient man sich der sogenannten sauern Kupferbäder.

Diese Kupferbäder sind zusammengesetzt aus:

200 g reinem kristallisierten Kupfervitriol,
40 g konzentrierter reiner Schwefelsäure,
1 Liter Wasser.

Näheres hierüber folgt im Teil über Galvanoplastik.

In den meisten Fällen werden die Kupferniederschläge ausgeführt entweder, um als Zwischenlage auf Metalle zu dienen, die einen anderen Metallniederschlag erhalten sollen, welcher aber nicht auf das ursprüngliche Metall gut haftet, oder aber, um den Gegenstand einen Überzug zu geben, welcher diesem Gegenstand ein besseres und wohl auch meist ein kostbareres Aussehen erteilen soll, besonders, was dann sehr häufig der Fall ist, wenn dieser Kupferniederschlag noch eine Veredlung durch Verfärbung erhält. Hier müssen alkalische Bäder, zu welchen im allgemeinen ja auch die zyankalischen gerechnet werden, in Anwendung kommen. Das zyankalische Kupferbad hat folgende Zusammensetzung:

a) Kohlensaures Natron (kristallisierte Soda) . . . . 20 g
b) Saures schwefligsaures Natron (Natriumbisulfit) . . . . . . 20 g
c) Grünes pulverisiertes essigsaures Kupfer (deutscher Grünspan) = basisch essigsaures Kupfer mit 51,98 Kupfer . . . . 20 g
d) Zyankali . . . . 20 g
e) Wasser . . . . 1 l

[1]) Siehe S. 50.

Die Herstellung des Bades geschieht, indem man in 200 ccm stark erwärmtes Wasser zuerst das kohlensaure Natron löst, ebenso in 200 ccm heißen Wassers das saure schwefligsaure Natron und nun diese beiden Lösungen zusammenschüttet. Durch die überschüssige Säure im sauren schwefligsauren Natron wird ein Teil des kohlensauren Natrons zersetzt, derart, daß von diesen überschüssigen Säuren die Kohlensäure der Soda verdrängt wird, d. h. sie wird frei und steigt in Bläschen an die Oberfläche. Es findet somit ein leichtes Aufschäumen statt. Man rührt so lange um, bis dieser Prozeß beendet ist, also keine Bläschen mehr aufsteigen. Das Kupfersalz wird ebenfalls in 200 ccm möglichst kochend heißen Wassers gelöst, was nicht immer ohne Trübung erreichbar ist, die aber nichts schadet. Das Zyankali wird in 100 ccm Wasser gelöst und mit der Kupferlösung vermischt. Jetzt soll eine wasserklare und wasserhelle, höchstens etwas gelblich gefärbte Flüssigkeit entstehen, welche durchaus nicht mehr bläulich sein darf. Ist letzteres jedoch der Fall, ist meist anzunehmen, daß das Zyankali nicht besonders rein war, vielmehr stark unter 98 vH hielt, wie das gute Zyankali des Handels halten soll. Man muß für diesen Fall nun noch so viel Zyankalilösung hinzugeben, daß die blaue Färbung vollständig verschwunden ist. Sollte die Lösung nicht absolut klar sein, so muß man die Unreinheiten absitzen lassen und die klare Flüssigkeit abhebern, und zwar bedient man sich stets bei dieser Arbeit eines Hebers, welcher in der Absaugeöffnung ein klein wenig nach oben gebogen ist, wie Abb. 12 zeigt. Mit Hilfe dieses Hebers gelingt es, die klare Flüssigkeit bis auf einen geringen Rest von dem Schlamm abzuziehen, ohne daß auch Spuren von letzterem mit hinübergerissen werden. Den letzten Rest der Flüssigkeit kann man vom Schlamm abfiltrieren, wenn überhaupt wegen der meist äußerst geringen Menge desselben sich die Arbeit, bzw. Zeitversäumnis noch lohnt. Hat man von vornherein nicht eine zu große Menge Badflüssigkeit von etwa nur wenigen Litern, so kann man auch diese gleich filtrieren, um das längere Absitzenlassen zu ersparen.

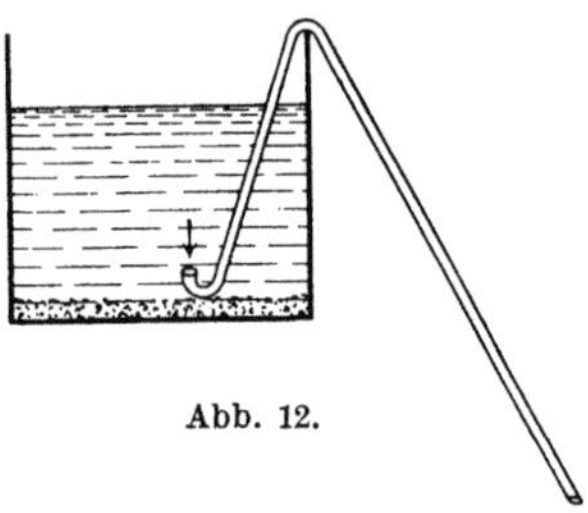

Abb. 12.

Nun werden die ersten zusammengeschütteten Lösungen mit

dieser zyankalischen Metalllösung zusammengeschüttet, mit dem Rest Wasser auf 1 Liter gebracht, das Kupferbad ist fertig und sofort gebrauchsfähig. Dies Bad enthält in 1 Liter etwa 10,4 g metallisches Kupfer.

Mit Ausnahme von Aluminium lassen sich alle Metalle, wie vor allem Eisen, Blei, Zink, Zinn, Argentan, Nickel, Nickelin mit diesem Bade gut verkupfern.

Die Badspannung soll im allgemeinen etwa 3 Volt betragen, bei Niederschlägen auf Zink kann man auch bis 3,5 Volt gehen. Die Temperatur des Bades darf nicht unter 18 ° C gehen, also gute Zimmertemperatur aufweisen. Will man in kürzerer Zeit etwas stärkere Niederschläge erzielen, so wendet man auch etwas erwärmte Bäder an und zwar geht man bis zu Temperaturen von 30—50 ° C. Für diesen Fall ändert man die Zusammensetzung des Bades insofern etwas, als man jetzt den Zyankaligehalt um etwa 8—10 g erhöht, und vom Natriumbisulfit nur etwa 10 g verwendet und auch etwa 15 ccm Ammoniak hinzugibt. Durch die erhöhte Wärme des Bades ist dasselbe für den Strom besser leitend geworden, man kann daher ohne die Spannung wesentlich zu ändern, die Stromstärke erhöhen, wodurch bedingt wird, daß mehr Metall zur Abscheidung gelangt.

Die Anoden sollen aus möglichst weichen Kupferblechen bestehen, wozu sich in allererster Linie nicht zu dicke Platten von 4—6 mm Stärke aus elektrisch niedergeschlagenem Kupfer eignen, wie sie vielfach im Handel zu haben sind. In zweiter Linie sind gegossene Platten zu verwenden, doch müssen die Gußhäute durch Scheuern und eventuelles Beizen gut entfernt werden, so daß metallisch blankes, hellrotes Kupfer an der Oberfläche sich befindet. Am wenigsten sind gewalzte Kupferbleche wegen ihrer Härte geeignet. Ist man jedoch gezwungen, solche zu verwenden, so muß man sie vorher ausglühen, um ihnen die Härte möglichst zu nehmen. Natürlich muß dann nach dem Glühen gebeizt werden, um die vom Glühen entstandenen Oxydhäutchen zu entfernen. Beim Einhängen der Anoden in das Bad an die Stromzuleitung, muß stets darauf geachtet werden, daß sowohl die Aufhängebänder wie die Anodenleitungen absolut metallrein sind und wenn im Laufe der Arbeit, was ja leicht und öfters vorkommen kann, von der Badflüssigkeit Tropfen oder Spritzer diese Leitungen treffen und verunreinigen, so muß unverzüglich für beste Reinigung durch Abwaschen und gutes Trocknen gesorgt werden. Ebenso muß beim Einhängen der Ware auf größte Sauberkeit der Leitungen usw. geachtet werden. Es ist stets vorteilhaft, und in den meisten Fällen sogar notwendig, die Ware bei eingeschaltetem Strom einzuhängen; dies gilt natürlich nicht allein nur für Kupferbäder, sondern ganz im allgemeinen. Die Größe der Anoden richtet sich in erster Linie nach der Menge der zu verkupfernden Ware, bzw. deren Oberflächen. Als allgemeine Regel muß gelten, daß die Oberfläche der Anode — die Dicke derselben spielt hierbei keine wesentliche Rolle — ungefähr das $1^1/_2$fache von der Oberfläche der Ware betragen soll.

Während des Prozesses ist es notwendig, auf das Aussehen der Anoden besonders zu achten. Bleiben dieselben metallblank schön rot, so wird der Niederschlag auf der Ware körnig matt und er wird auch nicht gut haften, besonders wenn er nicht zu übermäßig dünn sein soll. Das Bad enthält zuviel freies Zyankali. Man sucht sich in diesem Falle dadurch zu helfen, daß man dem Bad etwas Kupferhydroxyd hinzugibt. Letzteres kann man sich selbst folgendermaßen herstellen. Man löst reinen käuflichen Kupfervitriol in etwas erwärmtem Wasser und fügt zu der Lösung Ätznatronlauge aber nicht im Überschuß. Den voluminösen bläulichen Niederschlag läßt man absitzen, hebert die klare darüberstehende Flüssigkeit ab, versetzt mit viel Wasser, läßt wieder absitzen und wiederholt diese Arbeit etwa achtmal. Nach dem letzten Abhebern kann man nun von dem Kupferhydroxyd nach und nach so viel in das zu stark zyankalihaltige Bad eintragen, als sich davon gut löst. Es wird zwar nun der Metallgehalt des Bades etwas erhöht, dies schadet aber nichts. Jedenfalls dürfte das Bad nun nicht mehr zu viel freies Zyankali enthalten, da ja von letzterem zum Lösen des Kupferhydroxyds der größte Teil in Anspruch genonmen ist. Vielfach wird auch direkt in das Bad weiter von dem Grünspan, wie bei Ansetzung des Bades benutzt, hinzugegeben, aber es ist vorteilhafter, vorbeschriebenes Verfahren anzuwenden.

Belegen sich dagegen die Anoden nach kürzester Arbeitsdauer mit einem dicken grünen Schlamm, so ist dies ein Zeichen, daß es sicher an Zyankali fehlt. Jetzt wird der Niederschlag leicht mißfarbig, das Bad arbeitet schwer und die Spannung wächst meist über das normale Maß hinaus. Man muß in diesem Falle nach und nach soviel starke Zyankalilösung hinzufügen unter jedesmaligem gutem Umrühren beim Hineinschütten, bis das Bad normal arbeitet. Daß es im Kupferbad an Zyankali fehlt, kann man auch vielfach schon an der Farbe des Bades beobachten, besonders wenn man ein Glas davon füllt und es gegen eine weiße Fläche hält. Es erscheint dann blau. Sehr leicht kann man diese Beobachtung machen, wenn man ein vorher absolut tadellos arbeitendes Kupferbad eine Zeit lang unbenutzt stehen läßt und dann wieder damit arbeiten will. In der Zwischenzeit hat sich sehr leicht ein Teil des Zyankalis durch den Sauerstoff und die Kohlensäure der Luft in ameisensaures und kohlensaures Kali umgewandelt, so daß sich auch hier ein Mangel an freiem Zyankali herausbildet; die Flüssigkeit sieht dann bläulich aus und das Bad arbeitet nicht gut und muß durch Zugabe von Zyankalilösung richtig gestellt werden.

Bei normal arbeitenden Bädern wird sich die Anode stets mit einem geringen Überzug eines weißlichen bis hellgrünen Schlammes zeigen. Da dieser den Durchgang des Stromes etwas erschwert, so muß er in nicht zu großen Abständen am besten mit nicht zu zarten Messingbürsten abgekratzt werden. Vorteilhaft ist es auch, wenn man die Badflüssigkeit recht oft etwas durcheinander rührt.

Die Einhängedauer der Ware richtet sich natürlich stets nach der Stärke, welche die Kupferauflage erhalten soll, und diese richtet sich wieder danach, zu welchem Zweck sie ausgeführt wurde. Ist die Verkupferung vorgesehen, um als Zwischenlage zu dienen, d. h. soll der Gegenstand eigentlich eine andere Auflage erhalten, die aber direkt ausgeführt nicht gut haften würde, aber auf der Zwischenlage sich gut niederschlagen läßt, so ist es nicht nötig, eine besonders starke Kupferschicht auszuführen, die nur Zeit und Stromverbrauch kosten würde. Hier genügt eine Einhängedauer von meist 5 Minuten. Nun muß das Objekt recht gut und schnell von der Kupferbadflüssigkeit abgespült werden, damit davon nichts in das andere Bad, worin die weitere Plattierung erfolgen soll, etwa hinübergetragen und dies dadurch verunreinigt würde. Schnell muß diese Arbeit auch vorgenommen werden, damit das eben niedergeschlagene und gegen Atmosphärilien, besonders aber gegen Säuredämpfe äußerst empfindliche Kupfer nicht anläuft und so das Mißlingen eines weiteren Überzuges bedingt. Natürlich wird das noch nasse Objekt in das reine Bad eingehängt.

Soll hingegen die Verkupferung aber Selbstzweck sein, so muß sie im Gegensatz zur oben angeführten erheblich stärker ausgeführt werden. Man rechnet dann hier mit Einhängedauer von 30 Minuten bis zu etwa 3 Stunden oder noch etwas länger. Es kommen hier meist Gegenstände aus Eisen, Britanniametall (Zinn-Antimon-Legierung) und Zink in Betracht. Besonders letzteres erfordert deswegen eine extra starke Kupferschicht, weil im Laufe der Zeit das Zink mit dem in engster Berührung sich befindlichen Kupfer eine Legierung bildet, d. h. das Kupfer schlüpft gleichsam in das Zink hinein unter Bildung von Messing. Dieser Vorgang — Diffusion genannt — verschlingt also schon einen Teil des niedergeschlagenen Kupfers und es ist somit ersichtlich, daß außerdem noch genügend vorhanden sein muß. Bei diesen Starkverkupferungen ist es gut, wenn man nach einer bestimmten Einhängedauer, etwa 10—15 Minuten, einmal die Gegenstände herausnimmt und mit einer nicht zu harten Messingbürste unter Anwendung von Panamarinden- oder Seifenwurzelabkochung vollständig kratzt, um zu sehen, ob der erste Niederschlag gut haftet. Dann wird nach kurzem und gutem Abschwenken in reinem Wasser wieder eingehängt und nun fertig plattiert, obwohl es vielfach sehr angebracht ist, zwischendurch ein oder mehrere Male das Kratzen zu wiederholen.

Nachbehandlung. Die fertig plattierten Gegenstände sollen mit schöner Kupferfarbe aus dem Bade kommen und müssen äußerst sorgfältig in reinem Wasser abgespült werden. Mehrfach wird vorgeschlagen, die Gegenstände nach dem Abspülen mit Wasser noch durch verdünnte Schwefelsäure zu ziehen, wieder mit Wasser abzuschwenken und nun in sehr verdünnte Natronlauge zu legen, um nun definitiv in Wasser abzuspülen und zu trocknen. An Stelle von Schwefelsäure und Natronlauge wird auch verdünnte Essigsäure und Kalkmilch verwendet. Um den Gegenständen ein recht brillantes Aussehen zu geben, kann man sie nach dem Trocknen noch mit Schlemmkreide abbürsten oder abreiben.

Kupfer wird nach verhältnismäßig kurzer Zeit durch die Atmosphärilien angegriffen und verliert bald seine schöne rote Farbe. Will man letzte aber dennoch möglichst lange erhalten, so muß man die betreffenden Gegenstände zaponieren. Natürlich hat dies bei denjenigen nur einen Sinn und den angegebenen Zweck, welche nicht einer ständigen Inanspruchnahme ausgesetzt sind, wodurch der äußerst dünne Lacküberzug abgenutzt und entfernt werden würde, sondern vielmehr bei solchen, welche mehr als Zierrat oder dergleichen dienen. Sehr oft werden auch Gegenstände verkupfert, welche eine schöne Oberflächenfärbung erhalten sollen, wie solche mit dem Grundmetall meist nicht ausgeführt werden kann. Auch hier muß dann eine sehr starke Verkupferung ausgeführt werden, denn die oberste Schicht des Niederschlages wird in diesem Falle nicht als metallisches Kupfer belassen, sondern wird durch die färbenden Ingredienzien in Kupfersalze usw., wie in Kupferoxydul, Schwefelkupfer, kohlensaures Kupfer usw. umgewandelt. Würde aber die ganze etwa nur sehr schwache Kupferauflage in solche Produkte umgewandelt, so würden diese in den wenigsten Fällen auf der Unterlage noch weiter gut haften, sogar die Unterlage, d. h. das ursprüngliche Metall angreifen, und derart die ganze Arbeit in Frage stellen oder unbrauchbar machen. Anders aber verhalten sich die Umwandlungsprodukte des Kupfers auf einer Unterlage von diesem selbst. Hier haften sie dann doch erheblich besser, bzw. haben auch hier noch Gelegenheit, durch weiteres Umsichgreifen der Färbung im Laufe der Zeit sich zu verschönern, wie dies sehr oft der Fall ist. Also für solche Zwecke heißt es auch, den Gegenstand womöglich mindestens 1—2 Stunden im Elektroplattierbade zu belassen.

Die Ansicht, daß etwa eine Verkupferung von Eisen diesem einen Rostschutz gewährt, ist absolut irrig, denn das Kupfer ist dem Eisen gegenüber elektronegativ, also ist viel eher das Umgekehrte der Fall. Wünscht man aber doch dem Eisen einen diesbezüglichen Schutz angedeihen zu lassen, so muß man das Eisen erst verzinken (siehe später), um nun hierauf den Kupferniederschlag zu geben. Eine Zwischenschicht durch Verbleiung als Schutz für das Eisen vorzunehmen, wie das vielfach empfohlen wird, hat keinen anderen Wert, als daß das Blei einen mechanischen aber keinen elektrochemischen Schutz ausübt, da das Blei ja auch dem Eisen gegenüber elektropositiv ist.

Wer sich die Mühe des Zusammenstellens vom oben angegebenen Zyankali-Kupferbad ersparen will und recht schnell ein brauchbares Kupferbad sich herstellen möchte, kann das mit dem von den Langbein-Pfannhauser-Werken in den Handel gebrachten Kupferdoppelsalz L.P.W. ausführen. Dieses Doppelsalz enthält außer der geeigneten Menge Metall auch Leitsalze, löst sich leicht und klar in Wasser und ist sofort gebrauchsfertig. Je nach der Stärke des gewünschten Bades löst man 50—75 g dieses Salzes in 1 Liter Wasser.

Bei dem Arbeiten mit dem zyankalischen Kupferbade wird an

der Kathode, also auf die Waren, mehr Kupfer niedergeschlagen als an der Anode aufgelöst wird. Danach ist es ersichtlich, daß das Bad nach und nach an Metall verarmt und in absehbarer Zeit auf den Punkt gelangt, wo ein gewünschter Niederschlag nicht mehr erzielt wird. Es ist somit notwendig, dem Bade nach Bedarf wieder eine Zufuhr von Metall zu geben, damit annähernd der ursprüngliche Kupfergehalt beibehalten wird. Um hier korrigierend zu wirken, bedient man sich des käuflichen weißen Kupferzyanürs oder des von der Firma Schering, Berlin, hergestellten Kupfertrisalytes. Von diesen Salzen kann man eine bestimmte Menge in einem Teil der Badflüssigkeit auflösen und vermischt dann die Lösung gut mit dem gesamten Bade.

Durch das Zusetzen sowohl dieser Salze als auch von notwendig werdendem Zyankali wird im Laufe der Zeit das Bad immer salzreicher, was im allgemeinen dem Bade nicht schädlich ist, da diese Salzlösungen noch vielfach zum guten Leiten des Stromes beitragen. Aber schließlich erreicht man doch einmal eine Grenze, über die hinaus der Salzgehalt des Bades diesem nicht mehr nützlich ist. Bei sonst normal arbeitendem Bade ist dieser Punkt allerdings oftmals erst nach jahrelangem Inbetriebhalt erreicht, aber dann ist es notwendig, daß ein ganz neues Bad angesetzt wird. Das alte Bad kann als absolut wertlos angesehen und vollständig abgesetzt werden. Auch der immer noch vorhandene Kupfergehalt wäre nur unter Kosten zu gewinnen, die den Wert dieses Kupfers übersteigen.

b) Messingniederschläge.

Messing ist eine Legierung von Kupfer und Zink mit recht wechselnden Gehalten dieser beiden Komponenten, und zwar hat man Zusammensetzungen von 50—90 vH Kupfer mit entsprechenden 50—10 vH Zink. So verschiedenartig diese Zusammensetzungen sind, so verschieden sind auch die Namen für diese Legierungen, wie: Berliner Bronze (80—60 vH Kupfer + 20—40 vH Zink), Platine oder Knopfmetall (46,5 vH Kupfer + 53,5 vH Zink), (Musivgold oder Mosaikgold oder mosaisches Gold (65 vH Kupfer + 35 vH Zink), Chrysorin (72 vH Kupfer + 28 vH Zink), Arkometall (70 vH Kupfer + 30 vH Zink), Blattgold (82 vH Kupfer + 18 vH Zink), Prinzmetall (83 vH Kupfer + 17 vH Zink), Mannheimer Gold (Similor) (89,5 vH Kupfer + 9,9 vH Zink + 6 vH

Zinn), Tombak (87 vH Kupfer + 13 vH Zink), Pinschbeak (90 vH Kupfer + 10 vH Zink) und noch sehr viele andere. Im allgemeinen bezeichnet man die rötlichen Legierungen mit etwa 80 vH Kupfer aufwärts als Tombak. Es ist klar, daß je höher der Kupfergehalt wird, die Färbung immer röter wird und daß bei erhöhtem Zinkgehalt die Färbung verblaßt und bis aschgrau wird. Das goldgelbe Messing, wie es meist zu sehen ist, hat eine Zusammensetzung von 68—70 vH Kupfer + 32—30 vH Zink.

Das Messing ist den Atmosphärilien gegenüber sehr beständig und wird auch deshalb neben seiner schönen Farbe äußerst gern als Überzug über Metalle verwendet, die solche Eigenschaften bei weitem nicht aufweisen, wie vor allem Eisen und Zink. Aber nicht nur als bestehender Überzug werden Messingniederschläge ausgeführt, sondern auch wie vielmals bei Kupferniederschlägen als Zwischenlage zwischen der definitiven Auflage und dem Grundmetall, wenn letztere beide sich nicht gut miteinander verbinden lassen. Für diesen Zweck wird vielfach die Messing- der Kupferzwischenlage vorgezogen, damit beim Abnützen der letzten Auflage nicht das rote Kupfer, sondern eine angenehmer gefärbte Metallschicht sich zeigt. Es ist in diesem Falle meist nicht nötig, auf eine absolut genaue Farbe des Niederschlages Obacht geben zu müssen, während dies bei den anderen Niederschlägen vielmehr und oft in peinlichster Weise notwendig ist.

Der Messingniederschlag läßt sich auf alle Metalle gut ausführen und hat auch den Vorzug, daß er für Eisen und Stahl einen guten Rostschutz bildet. Wenngleich ja in den Niederschlägen doch bei weitem das dem Eisen gegenüber elektronegative, also nicht gut schützende Kupfer überwiegt, und nur ein verhältnismäßig kleiner Teil vom schutzgebenden Zink vorhanden ist, so ist doch festgestellt, daß hier ein schützendes Moment vorhanden ist. So hat z. B. Pfannhauser durch interessante Beobachtungen festgestellt, daß bei Vernicklungen von Eisen bei einer Zwischenlage von Messing das Kupfer des letzteren sich mehr durch Diffusion dem Nickelniederschlag angegliedert hatte und das Zink als schutzbildende Lage, wenn vielleicht wohl als äußerst hoch zinkhaltige Kupfer-Zink-Legierung, auf dem Eisen verblieb.

Über die Zusammensetzung der Messingbäder existieren sehr viele Vorschriften und jede wird wohl auch ein brauchbares Messingbad liefern, besonders wenn die dazu gegebenen Vorschriften über Temperatur, Spannung, Elektrodenentfernung usw. genau innegehalten werden. Jedoch ist immer zu berücksichtigen, welchen Zwecken das Bad dienen soll, ob etwa nur für Zwischenlagen auf Eisen, Stahl, Zink usw. oder ob eine Fertigplattierung erfolgen soll und dann vor allem, in welchem Farbton letztere gewünscht wird. Nachstehende Vorschrift über eine Messingbadzusammensetzung hat sich gut bewährt, läßt sich aber nach Bedarf modifizieren nach den verschiedenen Seiten, besonders was das Verhältnis der Metallsalze zueinander anbetrifft.

Badzusammensetzung:

a) Kohlensaures Natron (Soda)	10 g	
b) Saures schwefligsaures Natron (Natriumbisulfit)	14 g	
c) Essigsaures Kupfer (deutscher Grünspan = basisch essigsaures Kupfer mit 51,9 vH Kupfer) .	16 g	= 8,32 g Kupfer
d) Chlorzink (trocken-destilliert mit 48,14 Zink) .	12 g	= 5,77 g Zink
e) Chlorammonium (Salmiak)	2 g	
f) Zyankalium 98 vH	40 g	

gelöst in 1 Liter Wasser.

Die Herstellung des Bades geschieht, indem man Soda und Natriumbisulfit getrennt in je 100 g erwärmten Wassers zusammenschüttet und so lange rührt, wie noch Gasentwicklung zu beobachten ist. Kupfersalz und Zinksalz werden in je 150 g Wasser gelöst und mit dem Zyankali, das in 200 g etwas erwärmten Wassers gelöst war, zusammengeschüttet. Nun werden alle Lösungen zusammengegeben und hierzu das Chlorammonium. Zum Schluß wird der Rest Wasser hinzugefügt, so daß man 1 Liter Badflüssigkeit erhält. Sollten noch einige Trübungen vorhanden sein, die sich beim Umrühren nicht vollständig klar lösen, läßt man absitzen und hebert (Heber Abb. 12) die klare Flüssigkeit ab. Ist diese wasserhell oder höchstens gelblich gefärbt, so ist das Bad fertig und gebrauchsfähig. Sollte sich eine Grün- oder Blaufärbung bemerkbar machen, so muß vorsichtig so viel Zyankalilösung in kleinen Portionen zugegeben werden, bis diese Färbung verschwunden ist.

Die Temperatur darf nicht unter 18° C kommen. Die Spannung beträgt etwa 2,6—2,8 Volt bei Eisen, bei Zink etwas höher.

Anoden. Als Anoden verwendet man am besten gegossene Messingplatten etwa in der Farbe, wie der Niederschlag gewünscht wird. Natürlich müssen die Anoden vor dem Einhängen bestens gereinigt werden. Stehen nur gewalzte Messingbleche zur Verfügung, so müssen diese ausgeglüht und gut abgebeizt werden. Es ist auch angängig, daß man nicht eine Kupfer-Zink-Legierung als Anode anwendet, sondern diese beiden Metalle getrennt, natürlich in reinster Form nebeneinander in das Bad hängt. Man wird dann mindestens auf eine Zinkanode zwei an Fläche gleich große Kupferanoden wählen und kann dieselben an die gleiche Anodenzuleitung hängen. Man kann aber auch die verschiedenen Metalle an getrennte Zuleitungen hängen und ihnen verschiedene Stromstärken zuweisen, um so von jedem Metall eine bestimmte Menge in Lösung zu bringen. So vorteilhaft die Methode auch ist, so wenig bequem ist sie dadurch, daß man getrennte Amperezähler und auch Regulatoren in den Stromkreis vor den Kupfer- und Zinkanoden einschalten muß, um mit Hilfe derselben nun genau arbeiten zu können.

Insgesamt soll die Anodenfläche möglichst groß genommen werden, und zwar soll sie das $1\,{}^1/_2$fache der Kathodenfläche betragen.

Das Beobachten der Anodenoberfläche ist auch hier sehr wichtig und gibt meist gute Fingerzeige über das Arbeiten des Bades. Normalerweise sollen sich die Anoden mit einem nicht zu starken grünlich-weißen Schlamm überziehen, der sich mit nicht zu schwachen Messingbürsten nicht gar zu leicht entfernen läßt, was von Zeit zu Zeit besorgt werden muß. Wird aber dieser Schlamm in zu großer Menge abgesetzt und gleich zu Anfang stark fleckig und schwimmt als solcher im Bad herum, so ist dies meist ein sicheres Zeichen, daß dem Bad Zyankali fehlt, welches nun vorsichtig nach und nach in kleinen Portionen unter stetem guten Umrühren hinzugesetzt werden muß. Man hüte sich aber vor einem zu großen Überschuß davon, denn nun würde man in den anderen Fehler verfallen, der dadurch beobachtet werden kann, daß jetzt die Anoden wenig Belag erhalten oder gar metallblank bleiben. Für das gute Auflösen der Anoden wäre dies ja ganz vorteilhaft, aber der Zweck der Arbeit, d. h. das gute Überziehen eines Gegenstandes mit dem Niederschlag dürfte insofern durchaus mißlingen, als dieser Niederschlag nicht gut haften, sondern vielfach schon im Bade blasig und abblättern würde, wie das beim nachherigen Kratzen sicher erfolgen würde. Eine zu starke Verarmung des Bades an Zyankali macht sich auch schon meist dadurch bemerkbar, daß die Flüssigkeit nicht mehr wasserhell oder gelblich, sondern bläulich gefärbt erscheint.

Bei den Messingbädern spielt die Entfernung der Elektroden voneinander eine besondere Rolle, wenn stärker profilierte Gegenstände mit einem Überzug versehen werden sollen, welcher als solcher bleibt und nicht weiter bedeckt wird. Würde man hier Anode und Waren in nicht zu weiter Entfernung voneinander aufhängen, so wären die hervorspringenden Teile gegen die tiefer liegenden der Waren zu ungleichmäßig von den Anoden entfernt und da der Strom sich immer den nächsten Weg sucht, so würden die einen Teile im Gegensatz zu den anderen zu viel Strom, also Stromstärke erhalten. Dies macht sich im Messingbade nun derart bemerkbar, daß durch die verschiedenen Stromverhältnisse an dem gleichen Gegenstand sich die beiden Komponenten des Bades in verschiedenen Mengen ausscheiden mit der Wirkung, daß an einigen Stellen ein röterer und an den anderen ein hellerer Niederschlag erscheinen wird. Da dies meist unerwünscht ist, sucht man durch ein möglichst weites Entfernen der Elektroden diese Entfernungsdifferenzen, wenn auch nicht auszugleichen, so doch das Verhältnis derselben möglichst zu mildern. Auch wendet man in diesem Falle eine möglichst geringe Stromstärke an, wodurch allerdings die Arbeit verlangsamt wird. Ein anderes Mittel, um hier bessernd einzugreifen, ist der Zusatz von ein wenig Zyanquecksilberkalium — übrigens ein fast noch heftigeres Gift wie das reine Cyankalium. Durch diesen Zusatz wird das Bad erheblich leitungsfähiger und die Streuung der elektrischen Stromlinien wird erheblich gesteigert, so daß auch von den Anoden entfernte Teile der Waren an der Stromleitung gut teilnehmen und gleichmäßig den Elektrolyten, wie gewünscht, zersetzten und somit eine einheitlichere Färbung des Niederschlages bedingen. Der Farbton des Niederschlages ist überhaupt von vielen Umständen abhängig, so daß es die größte Aufmerksamkeit erfordert, möglichst gleichmäßig zu arbeiten. Der Gehalt des angegebenen Bades enthält z. B. 8,32 g Kupfer und 5,77 g Zink in 1 Liter. Würden im gleichen Verhältnis die beiden Metalle ausgeschieden werden, so müßte ein Niederschlag erfolgen, der 59,04 vH Kupfer und 40,96 vH Zink enthielt, also würden wir ein solch fahles Messing erhalten, wie dies wohl niemals gewünscht wird. Man erhält aber aus dem angegebenen Bade normalerweise einen Messingniederschlag von annähernd Goldfarbe, also eine Legierung, die etwa 70 vH Kupfer und 30 vH Zink aufweist. Es ist somit ersichtlich, daß der Strom immer mehr Kupfer als wie Zink aus einem derartigen Bade abscheidet. Nach einiger Benutzung des Bades hat sich nun aber das Verhältnis der im Bade verbliebenen Metalle stark verändert, so daß man womöglich gleiche Teile derselben oder gar Zink im Überschuß darin hat. Selbstverständlich wird auch dadurch das Verhältnis der niedergeschlagenen Metalle beeinflußt, derart, daß wir jetzt ein helleres Messing erhalten. Ein genauer Beobachter des Bades wird somit rechtzeitig das dem Zink gegenüber zu viel ausgefällte Kupfer ersetzen, und zwar geschieht dies durch Zugabe entsprechend kleiner Mengen Kupferzyanürs. Selbstverständlich kommt auch einmal der Punkt, an dem auch der Zinkgehalt des Bades nicht mehr genügend groß ist und man muß dann etwas Zinkzyanid nachgeben. Wenngleich ja auch an den Anoden durch Auflösen derselben dem Bade Metalle wieder zugeführt werden, so genügt dies nicht, da die Abscheidung derselben eine größere ist als die Menge, welche aufgelöst wird.

Änderungen in den Stromverhältnissen führen auch Änderungen in den Abscheidungsmengen der beiden Metalle und somit Farbenänderungen der Niederschläge herbei. Ein stärkerer Strom, also ein solcher mit größerer Voltzahl, verursacht eine stärkere Abscheidung von Zink, gibt also einen helleren Ton, während ein schwächerer Strom nicht so viel Zink abzuscheiden vermag, somit das Kupfer wieder mehr hervortritt und einen rötlichen Niederschlag erzeugt. Man muß also hier bei Änderungen im Bade, welche durch das Zusetzen von Salzen immer wieder zum Messingbad auch Änderungen der Stromverhältnisse hervorrufen, mit Hilfe des Regulators den gewünschten Strom einstellen, um möglichst gleichmäßig gefärbte Niederschläge zu erhalten.

Ebenso beeinflußt die Temperatur des Bades die Farbe des Niederschlages und zwar derart, daß aus kalten Bädern rötere und aus wärmeren Bädern hellere Abscheidungen erfolgen.

Das Erwärmen der Badflüssigkeit hat auch einen anderen, und zwar günstigen Einfluß auf den Niederschlag. Er wird merklich duktiler als aus kalten Bädern und ist somit oftmals für manche Gegenstände notwendig.

Wenngleich das möglichst häufige Durchrühren von Elektroplattierbädern von großem Vorteil oder sogar notwendig ist, so begegnen wir beim Messingbad eher dem Gegenteil, d. h. es ist für die Gleichmäßigkeit des Messingniederschlages nicht angebracht, das Bad in zu viel Bewegung zu bringen. Die Erfahrung hat nämlich gelehrt, daß ruhige, möglichst unbewegte Bäder einen gleichmäßigeren, schöneren Farbton hergeben, als wenn das Bad in Bewegung gehalten wird, wodurch eine merkliche Tönung ins Rötliche eintritt. Bei kleinen Messingartikeln, die meist in Trommelapparaten plattiert werden, ist es naturgemäß äußerst schwierig, durchweg einen gleichmäßigen Ton zu erzeugen. Vielfach ist dies ja auch belanglos, wie bei Reißnägeln, Ösen, Haken oder dgl., aber an den Objekten, etwa wie Knöpfen usw., wird doch darauf geachtet, daß die Unterschiede in den Farbnüancierungen nicht zu erheblich sind.

Meistens wird gewünscht, daß der Messingniederschlag einen guten Glanz aufweist. Ist der Untergrund für die Messingplattierung mit Glanz versehen, so wird auch der Niederschlag im allgemeinen glänzend ausfallen, vorausgesetzt, daß nicht eine besonders starke Plattierung erzeugt werden soll. Ist letzteres der Fall, so ist kaum damit zu rechnen, daß man einen auch nur annähernd glänzenden brauchbaren Niederschlag erhält. Es muß dann hier stets durch mechanische Hilfsmittel, d.h. durch Kratzen und Polieren der gewünschte Glanz hervorgerufen werden. Bei nicht starken Auflagen, d.h. bei nicht zu langem Belassen der zu plattierenden Gegenstände im Bade, sucht man aber möglichst doch stets eine derartige glänzende Auflage zu erzeugen, daß ein weiteres Bearbeiten nicht notwendig ist. War, wie schon angegeben, der Untergrund mit Glanz versehen, so sucht man doch auch noch vielfach durch Zusätze zum Bade den Glanz des Niederschlages sicherer hervorzurufen. Als solche Zusätze zum Messingbade sind zu nennen: arsenige Säure (etwa 0,3—0,4 g in 1 Liter), Ammoniak-Salmiakgeist (etwa 12—15 g in 1 Liter) und Glyzerin (einige Tropfen in 1 Liter). Soll der plattierte Gegenstand Hochglanz aufweisen, so ist dieser trotz Zusätze im Bade nicht zu erreichen, muß vielmehr durch nachherige Behandlung erzeugt werden. Besonders ist dann ein trockenes Behandeln mit Schlemmkreide zu empfehlen, wodurch die Messingniederschläge schön brillantiert werden.

So schön die Messingniederschläge auch bei normal arbeitenden Bädern ausfallen, so wird doch jeder Galvaniseur leicht die Erfahrung machen, daß vielmals die Niederschläge nicht zum besten haften wollen. Besonders wenn man starke Niederschläge erzeugen will, ist es dringend geboten, nach nicht zu langer Einhängedauer die Gegenstände erstmals gut durchzukratzen, und wenn überall die Auflage gut haftet, weiter einzuhängen. Dies Kratzen zwischendurch ist nach geraumer Zeit zu wiederholen, um nicht am Schluß der Arbeit etwa unangenehmen Überraschungen durch Abspringen der Plattierung ausgesetzt zu sein.

Besonders bei Niederschlägen auf Eisen macht sich ein Abspringen des Messings bemerkbar. Hier tritt leicht eine Entwicklung von Wasserstoff ein, welcher natürlich zur Kathode geht und von der Plattierung eingeschlossen wird und damit Blasenbildung hervorruft, welche natürlich ein Nichthaften des Niederschlages bedingt. Um diesem Übel möglichst vorzubeugen, sucht man bei Eisen vorzüglich anfangs mit nicht zu großen Stromstärken zu arbeiten, wenngleich ja dadurch die Arbeit verlangsamt wird. Hat man nach etwa zweimaligen Kratzen sich vergewissert, daß bis dahin die Plattierung nicht zum Abplatzen geneigt ist, kann man jetzt vorsichtig die Stromstärke etwas erhöhen, um die Arbeitsdauer nicht gar zu sehr in die Länge zu ziehen.

Eine sehr große Gewähr, daß der Messingniederschlag auf Eisen gut haftet, bietet eine vorherige Verzinkung des Eisens. Es wird diese Methode trotz der Umständlichkeit und Verteuerung doch vielfach angewendet.

Aber nicht nur bei Messingüberzügen auf Eisen kommt ein Abspringen des Niederschlages vor, sondern es kann dies auch bei anderen Metallen leicht eintreten, besonders wenn im Bade viele Leitsalze vorhanden sind. Letzteres kommt vor, wenn durch oftmalige Zusätze von Ingredienzien zum Bade, die an und für sich notwendig sind, und im Laufe der Zeit doch eine ziemlich erhebliche Menge ausmachen, sich Salzanreicherungen im Elektrolyt ergeben.

Niederschläge, welche nur als Zwischenlage dienen, sind meist schon nach 10—15 Minuten stark genug, um den gewünschten Zweck zu erfüllen. Die sehr starken Niederschläge jedoch benötigen eine Einhängedauer von 1—3 Stunden.

Ein Messingbad kann bei sorgfältiger Behandlung wohl ein paar Jahre befriedigend arbeiten, aber wenn dann doch der eben erwähnte Mißstand eingetreten ist, bleibt nichts anderes übrig, als das ganze Bad abzusetzen und sich ein neues zurecht zu machen. Vielfach wird allerdings in der Praxis so verfahren, daß man etwa ein Drittel des alten Bades behält und zwei Drittel durch neue

Badflüssigkeit ersetzt. Ein derartiges Bad arbeitet nun wieder sehr gut, hat aber doch dann nur naturgemäß eine entsprechend verkürzte Lebensdauer.

Es sei noch erwähnt, daß die Langbein-Pfannhauser-Werke sehr gute fertige Messingbäder unter der Bezeichnung Messingdoppelsalz L.P.W. in den Handel bringen für jemand, der sich der Mühe der Selbstbereitung nicht unterziehen will. Von diesem Salz löst man 50—80 g in 1 Liter Wasser auf und hat ein gebrauchsfertiges Bad.

Ebenso sind die Pantasoldoppelsalze und noch andere für den gleichen Zweck geeignet. Zur Metallergänzung für das Bad sind auch die entsprechenden Kupfer- und Zinktrisalyte, deren Metallgehalt von den herstellenden Firmen nicht angegeben werden, ihrer bequemen Handhabung wegen sehr zu empfehlen.

Die Wiedergewinnung der in den abgesetzten alten oder sonst unbrauchbar gewordenen Messingbädern ist zu umständlich und daher auch durchaus nicht lohnend.

c) Versilberung.

Unter allen Elektroplattierungen nimmt die Versilberung mit den ersten Platz ein, vor allem wohl auch deshalb, weil ja kein Metall einen derart schönen weißen Farbton aufweist, wie das Silber. Wenngleich das Silber zu den Edelmetallen gehört, so ist es doch durch die Atmosphärilien nicht zu schwer angreifbar. Ganz besonders ist dies nun auch der Fall bei dem elektrolytisch niedergeschlagenen Silber, einmal deswegen, weil es ganz rein als solches niedergeschlagen wird und nicht in Legierung, die meist widerstandsfähiger ist, und dann sind gerade in den Atmosphärilien fast stets zwei besondere Feinde des Silbers vorhanden, nämlich Schwefel als Schwefelwasserstoff, auch schweflige Säure und Chlor in Form von Chloriden. Der Schwefelwasserstoff greift das Silber ungeheuer leicht an unter Bildung schwarzen Schwefelsilbers in zunächst dünnster Schicht als gelblicher, dann stärker als brauner Anflug sich zeigend. Chlor in Form von Chloriden greift das Silber insofern an, als sich, wenn auch nicht gar zu leicht, Chlorsilber bildet, welches an sich allerdings absolut weiß ist, aber sofort am Tageslicht unter Zersetzung des Chlorsilbers als bläulicher bis schließlich schwarzer Überzug sich zeigt. Diese Verfärbungen des Silbers sind verhältnismäßig leicht zu entfernen durch käufliche

Silberputzmittel. Am besten läßt sich zwar das Silber durch Zyankalilauge reinigen, aber dies Mittel dürfte nicht überall, wie z. B. in Haushaltungen usw. zu empfehlen sein. Dafür ist ein sehr einfaches und stets bei der Hand befindliches Reinigungsmittel eine starke Lösung des gewöhnlichen Speisesalzes. Mit diesem, unter Zuhilfenahme eines weichen Lappens oder Leders, wird durch starkes Reiben meist der gewünschte Erfolg erzielt werden. Natürlich muß nach diesem Reinigen stets mit reinem Wasser gut nachgewaschen und bestens getrocknet werden. Ohne weitere Maßnahmen lassen sich nur Kupfer, Messing, Bronze und nicht zu hoch nickelhaltiges Neusilber leicht versilbern, während dies bei Eisen, Stahl, Nickel und hoch nickelhaltigen Legierungen nicht direkt ausführbar ist. Bei den letzteren muß eine Zwischenlage von Kupfer oder Messing gegeben werden. Bei den Metallen Zinn, Zink, Blei und Britanniametall kann der geübte Galvaniseur nun zwar auch besonders durch spezielle Regelung des Stromes einen direkten Silberniederschlag erzielen, aber auch hier ist es im allgemeinen ratsam, die oben erwähnten Zwischenlagen zu geben. Unbedingt nötig ist dies, wenn die Silberauflage eine etwas starke werden soll, um nicht unangenehmen Enttäuschungen durch nachheriges Abspringen des Niederschlages gewärtig zu sein. Die schon verschieden erwähnten Nickellegierungen bilden eine ungeheuer viel angewendete Unterlage für versilberte Gegenstände, so vor allem in allen möglichen Tisch- und Tafelgeräten, wie Schüsseln, Schalen, Kännchen, Aufsätze, Eßbestecke usw. Da ja hier nun auch die bessere Silberauflage einmal durch den meist oftmaligen Gebrauch, besonders durch das viele Putzen und Reinigen abgenützt wird, und man wünscht, daß die durchscheinende Unterlage nicht gleich zu unangenehm auffällt, so wird man womöglich diese aus einer Legierung herzustellen suchen, die auch schon von sich aus möglichst weiß ist. Man wird also den Kupfergehalt der Unterlagelegierung durch Weißmetalle zu verdecken bestrebt sein. Die in Frage kommenden Metalle sind Zink und Nickel. Je mehr Zink man aber für eine derartige Legierung nimmt, um so spröder wird sie, und bei größerem Nickelzusatz wird die Härte gesteigert aber besonders auch der Preis. Man sieht also, daß hier auch bestimmte Grenzen gezogen sind, zwischen welchen man die richtigen Maße einzuhalten gezwungen ist. Immerhin schwankt der Nickelgehalt derartiger Legierungen so weit, daß bei seinem niedrigsten Vorkommen eine Versilberung direkt ohne Nachteil vorgenommen werden kann. Bei den mittleren Nickelgehalten ist es meistens geboten, eine Hilfsmaßnahme anzuwenden, um einen guthaftenden Silberniederschlag zu erhalten. Die sonst in Anwendung gebrachten Zwischenlagen von Kupfer oder Messing sind natürlich hier von Nutzen und würden eines guten Erfolges wegen auch angeführt werden, wenn nicht das Verfahren der Amalgamation mit denselben guten Erfolgen einer einfacheren Methode eine Anbringung einer guten Zwischenlage böte. Ehe die Ausführung der Amalgamation beschrieben wird, soll doch zunächst darauf hingewiesen werden, daß sie sich nicht verwenden läßt auf Eisen und Nickel und auch nicht auf die sehr hoch nickelhaltigen Legierungen, wie Platinin usw. Man verwendet sowohl eine zyankalische als auch eine sogenannte saure Quickbeize. Die zyankalische Quickbeize ist zusammengesetzt aus:

etwa 25 g Zyanquecksilberkalium
30 g Zyankalium

zusammen gelöst in 1 Liter Wasser. Ist die Legierung wenig nickel- aber sehr reich kupferhaltig, so kann diese Beize mit dem gleichen Teil Wasser auch verdünnt werden, unbeschadet ihrer Wirksamkeit.

Die zu verquickenden Objekte müssen, wie stets, äußerst gut gereinigt, d. h. entfettet und dekapiert werden. Dann werden sie ein paar Sekunden in die Quickbeize gehalten oder kurz hin und her geschwenkt. Nun müssen sie ein absolut gleichmäßig weißgraues, glänzendes Aussehen zeigen, das nicht die geringsten Flecke oder Streifen aufweist. Sollte dies jedoch der Fall sein, zeigt dies an, daß die Reinigung nicht mit der absolut notwendigsten Sorgfalt durchgeführt war. Es muß dann unter einem Abzug über Holzkohlenfeuer das Quecksilber abgeraucht und die Dekapierung von neuem durchgeführt werden. Ist nun die Verquickung gut ausgefallen, so wird nach mehrfachem Abschwenken in klarem Wasser sofort in das Silberbad eingehängt. Der Vorgang des Verquickens ist folgender: Durch das Metall der Grundmasse wird das Quecksilbersalz der Lösung zersetzt, derart, daß das Quecksilber von seinen salzbildenden Komponenten, d. i. hier das Zyan, abgedrängt wird und als solches, d. h. als Metall frei wird. Sofort verbindet sich dieses nun mit dem anderen Teil der Grundmasse zu einem Amalgam, bzw. bleibt zum kleinen Teil auf der Oberfläche erhalten. Kommt nun hierauf ein Niederschlag eines Metalls, das sich auch gut veramalgamiert, d. h. sich leicht mit Quecksilber verbindet, so wird jetzt der Niederschlag durch das Quecksilber mit dem schon vorhandenen Amalgam, aus der Grundmasse stammend, ein weiteres Amalgam bilden, und auf diese Weise sehr gut auf der Unterlage haften. Natürlich wird durch diesen Austausch der Metalle die Quickbeize nach und nach weniger wirksam. Sie hält sich aber doch bei ziemlicher Inanspruchnahme lange Zeit und muß erneuert werden, wenn der Quecksilberniederschlag auch bei Zugabe von noch etwas Zyankali sich nur sehr schwer bildet.

Je nickelreicher die Unterlage wird, um so weniger gut wirkt diese zyankalische Quickbeize. Nun kann man vorteilhafter die saure Quickbeize anwenden. Diese ist zusammengesetzt aus:

15 g salpetersaurem Quecksilber gelöst in 1 Liter Wasser, wozu man ein paar Tropfen Salpetersäure hinzufügt. Man kann aber auch metallisches Quecksilber in soviel Salpetersäure auflösen, daß von dem vorher gewogenen Metall nichts übrig bleibt. Dann verdünnt man mit soviel Wasser, daß in 1 Liter der Lösung je 10 g metallisches Quecksilber enthalten sind. Meist ist die Lösung jetzt etwas trüb, sie klärt sich aber nach Zugabe von ein wenig Salpetersäure. Diese Quickbeize ist auch für Britanniametall anzuwenden. Arbeitet man mit dieser Beize, so müssen die damit verquickten Gegenstände erheblich sorgfältiger mit Wasser abgespült werden, damit von der sauren Flüssigkeit nichts in das Elektroplattierbad gelangt. Es ist sogar gut, wenn die verquickten Objekte mit einer Bürste gekratzt werden. Verwendet man Messingbürsten, so werden diese natürlich auch durch Aufnahme von ein wenig Quecksilber weiß, d. h. sie verquicken sich auch etwas. Dies schadet nichts, wenn man dieselben Bürsten immer für den gleichen Zweck verwendet, nur muß man sich sehr hüten, etwa sie mit vergoldeten Gegenständen in Berührung zu bringen, da letztere dann auch weiß werden würden.

Greift eine gute Quickbeize die Gegenstände nicht oder nur unvollkommen an, so müssen sie vor der Versilberung entweder verkupfert oder vermessingt werden. Jetzt würde ja nun die Quickbeize die Oberfläche der Objekte angreifen, aber es wäre dies eine Überflüssigkeit, denn nun ist ja schon eine gute Zwischenlage geschaffen.

Bei den Silberbädern unterscheidet man solche, welche mittels Chlorsilber und solche, welche mittels Zyansilber hergestellt werden und bei beiden Sorten, ob sie der Stark- oder Gewichtsversilberung, der guten soliden oder der gewöhnlichen einfachen Versilberung dienen sollen. Die drei letzten Sorten Silberbäder unterscheiden sich dadurch, daß bei den ersten etwa 25 g Feinsilber in 1 Liter enthalten sind, im zweiten 10—12 g, also die knappe Hälfte, und im letzten etwa nur 5 g. Dem Silbergehalt entspricht immer der Gehalt an Zyankali. Danach kann man aus 1 Liter Starksilberbad durch Zugabe von 1 Liter Wasser die zweite Sorte Bad oder durch Zugabe von 3—4 Liter Wasser ein einfaches Silberbad sich herstellen. Es soll deswegen nur die Herstellung des Starksilberbades angegeben werden, weil die anderen aus diesem sich herstellen lassen.

Das Chlorsilberbad wird hergestellt, indem man für je 1 Liter fertigen Bades 25 g Feinsilber in einer geräumigen Porzellanschüssel unter einem guten Abzug mittels Salpetersäure von 1,2 spez. Gewicht bei schwacher Erwärmung auflöst. Man gibt nicht zuviel von der Säure zu dem Silber, sondern nur soviel, daß gerade das Silber gelöst wird oder höchstens ein klein wenig mehr, denn diese Säure geht vollständig verloren. Hat sich das Silber klar gelöst oder ist ein Rückstand geblieben, von dem die klare Lösung abgegossen oder besser abgehebert würde, so gibt man reine Salzsäure zu der Silberlösung und zwar zunächst etwas mehr, dann in kleinen Portionen, so lange noch ein weißer, käsiger Niederschlag, der zuletzt nur noch eine weiße Trübung aufweist, ausfällt. Man rührt mit einem Glasstabe beim Zusetzen der Salzsäure tüchtig um, dann setzt sich das weiße Chlorsilber in einer ziemlich klaren Flüssigkeit gut ab. Sobald letzteres geschehen, prüft man mit einem Tropfen Salzsäure, ob noch Silber ausfällt. Ist letzteres der Fall, gibt man etwas mehr Salzsäure hinzu, rührt tüchtig, läßt absitzen, prüft wieder und fährt so lange fort, bis kein Niederschlag bzw. keine Trübung erfolgt. Ist dieser Punkt erreicht, so läßt man gut absitzen und gießt oder hebert die überstehende Flüssigkeit ab. Ist letztere nicht ganz klar, kann man sie mit den nachfolgenden Waschwassern in einem größeren Gefäß sammeln und hier die Spuren Silberchlorid, welche die Trübung verursachen, vollends absitzen lassen und dann wiedergewinnen. Steht eine große Filtrieranlage, wie sie in Bijouteriefabriken vorhanden sind, zur Verfügung, so läßt man der Einfachheit halber diese Wässer alle hier durchlaufen, um die letzten Spuren Silber wiederzugewinnen. Nachdem man den Chlorsilberniederschlag von der überstehenden Flüssigkeit befreit hat, wird er mit reichlichst Wasser übergossen; es wird tüchtig umgerührt und wieder absitzen gelassen, nun wird derselbe Vorgang mit Entfernen der überstehenden Flüssigkeit, wieder Zugeben von Wasser usw. so oft wiederholt, bis das zugegebene Wasser nach gutem Umrühren blaues Lackmuspapier nicht mehr rot färbt. Meist ist dies nach sechsmaligem Ausschwenken mit Wasser erreicht. Nachdem das letzte Wasser abgegossen war, wird Zyankali, und zwar je 42 g auf 25 g Silber gelöst in 200 g Wasser hinzugegeben und umgerührt. Das Chlorsilber darf man nicht trocken werden lassen, sonst löst es sich verhältnismäßig schwer, so aber muß es sich vollständig und leicht lösen, sonst ist anzunehmen, daß das Zyankali sehr minderwertig war. Es muß in diesem Falle noch Zyankalilösung hinzugegeben werden, bis sich alles Chlorsilber löst und noch ein kleiner Überschuß der Zyankalilösung in der Zyansilberlösung vorhanden ist. Ist das Chlorsilber gelöst, sollte eigentlich die Lösung wasserhell sein, aber in äußerst vielen Fällen ist dies nicht so, sondern in der Flüssigkeit ist in sehr feiner Verteilung eine schwarze Ausscheidung vorhanden, welche von geringen Spuren von Schwefel herrührt, welcher im Zyankali enthalten war und nun schwarzes Schwefelsilber gebildet hat. Man kann diese Ausscheidung sich absetzen lassen und die darüberstehende klare Flüssigkeit abgießen oder abhebern und den letzten Rest der Flüssigkeit mit dem Salz filtrieren, oder falls das Bad sehr dringend benötigt wird, kann man durch ein großes Faltenfilter auch die ganze Flüssigkeit durch Filtration klar erhalten. Nun wird mit destilliertem Wasser diese Flüssigkeitsmenge soweit aufgefüllt, daß man auf je 25 g gelösten Silbers 1 Liter Flüssigkeit erhält. Hat man z. B. 1 kg Silber gelöst gehabt usw., so muß man zum Schluß ein fertiges Bad von 40 Liter erhalten.

Bei der Herstellung dieses Silberbades haben wir nun in dieses sowohl Chlorsilber wie Zyankali hineingebracht, es hat aber eine Umsetzung der Komponenten dieser beiden Salze stattgefunden, derart, daß das Chlor des Chlorsilbers an das Kalium des Zyankalis und dessen Zyan an das freigewordene Silber gegangen ist. Wir haben demnach eine beträchtliche Menge Chlorkali mit in das Silberbad hineinbekommen. Es ist dies kein Fehler, zumal ja dieses Salz gleichsam als Leitsalz wirksam ist, was sich ja auch dadurch zeigt, daß dies Bad bei bestimmten Anoden- und Kathodenflächen und einer bestimmten Stromstärke etwas weniger Spannung erfordert, als wie ein Silberbad ohne dieses Leitsalz, das sonst die gleichen Verhältnisse wie Anoden- und Kathodenfläche und Stromstärke aufweist. Es wird nun zwar behauptet, daß der Silberniederschlag aus diesem mittels Chlorsilbers hergestellten Bade nicht einen so hervorragend weißen Ton aufweist, als dies bei dem nachbeschriebenen Bade der Fall sein soll, aber Verfasser hat zu den verschiedensten Malen bei immer andern Bädern absolut keine Unterschiede in der Beziehung finden können.

Das Zyansilberbad wird hergestellt, indem man für je 1 Liter Bad 25 g Feinsilber in gerade soviel Salpetersäure von 1,2 spez. Gewicht löst, daß das Silber restlos gelöst wird. Nun löst man für je 25 g Silber 15 g Zyankali auf und schüttet diese Lösung zu der Silberlösung Es erfolgt ein dicker käsiger Niederschlag von Zyansilber. War das Zyankali absolut rein, d. h. 100 proz., so muß alles Silber ausgefällt sein. Man läßt nach Umrühren der Mischung den Niederschlag absitzen und prüft durch Zugabe einiger Tropfen weiterer Zyankalilösung, ob alles Silber ausgefällt ist. Wäre dies nicht der Fall, so zeigt sich eine mehr oder minder starke Trübung in der überstehenden Flüssigkeit. Man muß in diesem Fall immer nach gutem Umrühren weitere Mengen Zyankalilösung hinzugeben, bis keine merkliche Trübung mehr erfolgt. Man hüte sich, ja zu viel Zyankalilösung hinzuzugeben, denn im Überschuß derselben löst sich das Zyansilber auf und kann zu schweren Silberverlusten Anlaß geben. Ein kleiner Überschuß an Zyankali bei dieser Operation macht sich vielfach dann sofort dadurch kenntlich, daß die über dem Niederschlag stehende schwach trübe Lösung plötzlich wasserhell, meist aber etwas bräunlich gefärbt wird. Ist dies eingetreten oder hatte sich mit dem letzt zugegebenen Tropfen Zyankalilösung kein Niederschlag mehr gezeigt, so gibt man etwas reine Salpetersäure hinzu. Erfolgt hierauf ein Niederschlag oder eine Trübung, so muß vorsichtig solange unter Umrühren und Absitzenlassen mit der Zugabe der Salpetersäure fortgefahren werden, bis keine Trübung mehr eintritt. Nun läßt man gut absitzen, hebert die klare Flüssigkeit ab, fügt reichlich Wasser hinzu, rührt um, hebert nach Absitzen wieder ab usw. und fährt damit etwa sechsmal in gleicher Weise fort. Nun bereitet man sich eine Zyankalilösung, indem man auf je 25 g gelösten Silbers 25 g hundertproz. Zyankali in Wasser löst. Diese Lösung wird zu dem Zyansilberniederschlag, nachdem zuletzt die überstehende klare Flüssigkeit abgegossen war, hinzugefügt und es muß sich das Zyansilber leicht und vollständig lösen. Auch hier erhält man meist eine bräunliche bis schwarze Färbung von Spuren von Schwefelsilber, die in der Lösung suspendiert sind. Man läßt absitzen oder man filtriert ab und muß nun eine klare wasserhelle Flüssigkeit als fertiges Bad erhalten.

Als Ausgangsmaterial zur Herstellung der beiden beschriebenen Bäder ist Feinsilber angegeben worden. Es ist aber einfacher und kaum kostspieliger, wenn man zur Anfertigung der Silberlösung, aus welcher entweder das Clorsilber oder Zyansilber ausgefällt wird, die entsprechende Menge Höllenstein verwendet. Für diesen Fall ist der kristallisierte Höllenstein zu nehmen, da nur dieser rein ist, d. h. den genauen und bestimmten Gehalt von 63,5 vH Silber aufweist, während der geschmolzene Höllenstein vielfach unter Zusatz von 10 vH Salpeter angefertigt wird, mithin minderhaltiger ist. Um nun auch gleich starke Bäder, wie oben angegeben, herzustellen, ist es nötig, daß man für je 1 Liter gewünschten Bades 40 g kristallisierten Höllenstein verwendet. Die Auflösung desselben erfolgt in destilliertem Wasser, um zunächst eine wasserklare Lösung zu erhalten und somit auch feststellen zu können, daß der Höllenstein keine wesentlichen Unreinheiten enthält. Das Ausfällen mittels Salzsäure bezüglicherweise Zyankali erfolgt genau wie oben angegeben.

Zur Anfertigung der Silberbäder ist auch käufliches Zyansilberkalium gut verwendbar. Der Preis dieses Salzes ist natürlich am Feinsilbergehalt gemessen etwas teuer, jedoch erspart man sich viel Arbeit und Zeit, um schnell ein gebrauchsfertiges Bad zu erhalten. Ähnliche zu empfehlende Salze sind L. P. W. Silberdoppelsalz und das Silber-Pantasol-Salz, mit welchen sofort durch Auflösen derselben in reinem Wasser gebrauchsfertige Silberbäder erhalten werden.

Anoden. Als Anoden für die Silberbäder verwendet man gegossenes reinstes Feinsilber in Blechform von 0,3—0,6 mm Stärke. Die Anodenfläche soll möglichst so groß sein, wie die Fläche der eingehängten Ware. Hat man eine zu geringe Anodenfläche, so wird durch ein verhältnismäßig großes Abscheiden von Silber an der größeren Kathodenfläche für diese kleine Anodenfläche zu viel Zyan frei. Hierdurch wird aber die Silberabscheidung an der

Kathode noch vergrößert und das Silber setzt sich dementsprechend in großen Kristallen ab, die in dieser Form nicht erwünscht sind, da der Überzug zu reich wird. Es tritt dann auch wie leicht erklärlich nach und nach ein sich steigernder Silbermangel im Bade ein. Durch Beobachtung des Aussehens der Anoden kann man sich im allgemeinen ein Bild über den guten oder weniger guten Gang des Versilberungsprozesses verschaffen. Sind die Anoden hell metallblank, so ist dies ein Zeichen, daß zu viel freies Zyankali im Bad enthalten ist. Ein Überschuß an freiem Zyankali im Bade kann meist auch dadurch beobachtet werden, daß an den Anoden eine Gasentwicklung auftritt. Dieses Gas ist zwar nun in der Hauptsache Sauerstoff, aber es mischt sich auch leicht etwas Zyanwasserstoffgas dazu. Im Bad wird ja das darin gelöste Zyansilber in seine Komponenten Silber und Zyan zerlegt. Das Silber geht an die Kathodenleitung zur Ware, während das Zyan zur Anode geht. Ist letztere nun etwas zu klein, d. h. findet das Zyanjon nicht genügend Platz um sich zu betätigen, so stürzt es sich auf die Lösungsflüssigkeit, das ist das Wasser und zersetzt dieses, indem es ihm den Wasserstoff unter Bildung von Zyanwasserstoff entzieht und den Sauerstoff frei macht, welcher nun in seinem ursprünglichen Agregatzustand nämlich als Gas sich zeigt und aus der Flüssigkeit entweicht. Der Zyanwasserstoff wird zwar zum größten Teil von der Flüssigkeit festgehalten, wohl auch zum Teil unter Bildung von Doppelsalzen, aber ein geringer Teil wird auch mit dem Sauerstoffgas fortgeführt und kommt in die Luft. Zyanwasserstoff ist aber ein äußerst heftiges Gift und kann bei einigermaßen stärkerem Auftreten leicht schädlich wirken. Man muß in diesem Fall frisch gefälltes Chlor- oder Zyansilber hinzugeben, welches zu seiner Lösung einen Teil des freien Zyankalis in Anspruch, durch Bildung von Zyandoppelsalz, nimmt, und dann muß natürlich wegen dieser Metallanreicherung eine entsprechende Verdünnung durch Wasserzugabe vorgenommen werden. An freiem Zyankali sollen etwa 8—10 g pro Liter Badflüssigkeit vorhanden sein. Werden die Anoden gelblich oder gar braun bis braunschwarz gefärbt, so deutet dies darauf hin, daß es im Bade an Zyankali fehlt. Dies macht sich auch leicht dadurch bemerkbar, daß der Niederschlag sich sehr schwierig zu bilden scheint und überhaupt kein schön weißes Aussehen aufweist, sondern vielmehr gelblich- bis bläulichopalisierend erscheint. Man gibt jetzt vorsichtshalber pro 1 Liter Bad je 2 g aufgelöstes Zyankali hinzu, rührt das Bad nach jedesmaliger Zugabe gut um, und versucht, ob nun das Bad gut arbeitet. Man hüte sich zu viel Zyankali hinzuzugeben, sonst muß man eine Richtigstellung wieder in erst angegebener Weise vornehmen. Ist im Bade zu wenig Zyankali enthalten, macht sich dies auch meist schon am Voltmeter dadurch bemerkbar, daß die Spannung nach und nach höher steigt. Im richtig arbeitenden Bade müssen die Anoden schön hellgrau aussehen. Über den ungefähr richtigen Gehalt des Silberbades an freiem Zyankali kann sich jeder Galvaniseur leicht selbst Gewißheit auf folgende Weise verschaffen: Er entnimmt dem Bade 100 ccm Flüssigkeit, löst in einem andern Glase in etwa 50 ccm destilliertem Wasser 1 g Höllenstein und schüttet in langsamem Strome diese Silberlösung zu dem 100-ccm-Bad. Es bildet sich ein weißer Niederschlag von Zyansilber, welcher bei normaler Beschaffenheit beim Umrühren leicht und vollständig sich auflöst. Verschwindet der Niederschlag sofort oder bildet sich kein solcher, ist sicherlich zu viel freies Zyankali vorhanden. Man gibt in diesem Falle nochmals 1 g Höllenstein aufgelöst hinzu und beobachtet wieder, ob sich der Niederschlag immer zu leicht auflöst, eventuell wiederholt man das noch einmal. Auf diese Weise kann man ungefähr ermitteln, wieviel Silber muß dem Bade zugesetzt werden, damit es von dem zu vielen freien Zyankali befreit wird. Natürlich muß bei nun eintretendem zu großem Silbergehalt das Bad auch entsprechend verdünnt werden. Hat sich beim erstmaligen Zusetzen der Silberlösung der sich bildende Niederschlag nach kurzem Umrühren vollständig gelöst, so dürfte das Bad den richtigen Gehalt an freiem Zyankali haben. Bildet sich aber schon nach Zugabe der ersten Tropfen der Silberlösung ein dicker Niederschlag, der sich nicht beim Umrühren auflöst oder bleibt nach Zugabe der ganzen Silberlösung ein Rest des Niederschlages ungelöst oder löst sich erst nach längerem mühevollen Umrühren, so ist sicher zu wenig Zyankali enthalten. Um nun festzustellen wieviel Zyankali zuzusetzen ist, löst man 1 g Zyankali in einem graduierten Maßgefäß in 50 ccm Wasser und gibt dann jetzt zu dem Gemisch mit dem nicht vollends gelösten Niederschlag in kleinen Portionen unter stetem gutem Umrühren hinzu, bis man eine klare Lösung erhalten hat. Nun beobachtet man, wieviel von der Zyankalilösung man bis zur Klärung verwendet hat und ersieht daraus, daß man auf 100 ccm eine bestimmte Menge des Zyankalis benötigte, z. B. 15 ccm der Lösung, das sind $\frac{15}{50}$ g. Auf 1000 ccm = 1 Liter würde man also $\frac{150}{50} = 3$ g notwendig haben. Man würde demnach in diesem Falle 2—3 g Zyankali pro Liter zum Bad hinzusetzen müssen, um ein normal gut arbeitendes Bad zu erhalten.

Ein Silberbad kann jahrelang, sogar 10—12 Jahre, im Betrieb bleiben und man kann sich daher leicht vorstellen, daß das leicht zersetzbare Zyankali in so langen Zeiten vielfach zerstört und in andere Salze umgewandelt wurde. So bilden sich nach und nach nicht unerhebliche Mengen kohlensaures Kali, ameisensaures Kali und auch etwas Ammoniak. Zunächst sind diese Salze durchaus nicht unwillkommen, da sie als gute Stromleiter im Bade funktionieren. Nimmt man doch bei Ansetzung ganz neuer Bäder aus diesem Grunde auch recht gerne einen bestimmten Teil eines solch alten Bades hinzu. Aber im Laufe der Zeit reichert sich besonders das kohlensaure Kali zu doch zu großen Mengen an und das Bad wird zu dick. Man setzt daher, um das Bad immer weiter noch verwendbar zu halten, diesem eine Lösung von Zyanbarium hinzu. Es findet nun folgende Umstellung statt. Das Barium verbindet sich mit der Kohlensäure des Kalikarbonats zu unlöslichem kohlensaurem Barium, und die Reste, d. h. das Zyan des Bariums und das Kali des kohlensaueren Kalis bilden frisches Zyankali. Das kohlensaure Barium läßt man absitzen, hebert die klare Flüssigkeit ab zur Weiterverwendung als Bad. Es ist aus alledem ersichtlich, daß es notwendig ist, von Zeit zu Zeit das Bad auf seine verschiedenen Gehalte an Silber, freiem Zyankali und sonstigen Salzen zu untersuchen oder von einer Untersuchungsanstalt prüfen zu lassen, um auf meist einfache Weise wieder ein gut arbeitendes Bad zu erhalten.

Die Spannung in den Silberbädern ist im allgemeinen eine niedrige und zwar beträgt sie bei den Chlorsilberbädern nicht ganz ein Volt, während sie bei Zyansilberbädern etwas über ein Volt steigen darf. Je länger ein Bad im Betrieb ist, um so salzreicher wird es durch die verschieden notwendig werdenden Zusätze, hierdurch wird, wie schon erwähnt, die Leitfähigkeit des Bades erhöht und man kann unbeschadet der einzuhaltenden Stromstärke die Spannung etwas herabsetzen. So vorteilhaft in dieser Beziehung nun ein Dickerwerden der Badflüssigkeit ist, so hat sie doch auch wieder den großen Nachteil, daß sich naturgemäß ein leichtes Vermischen der an der Kathode sich bildenden silberärmeren mit der an der Anode immer wieder entstehenden silberreicheren Schicht schwieriger als in einem dünnflüssigen Bade vor sich geht. Bilden sich im Bad nun derart verschieden schwere Schichten mit natürlich verschieden reichen Silbergehalten, so gibt dieser Umstand leicht zur Streifenbildung bei den Niederschlägen Veranlassung. Es muß also in dieser Beziehung auch Obacht gegeben werden und es ist ratsam, die Silberbäder öfters etwas umzurühren. Hat man Gegenstände aus Brittaniametall oder hoch nickelhaltige Legierungen zu versilbern, so gibt man anfangs vielfach einen Strom von 2—2,5 Volt auf die Ware zur schnellen Versilberung. Es ist aber nötig, dann bald zum normalen Strom von etwa 1 Volt zurückzugehen, um einen guten Niederschlag zu erhalten.

Die Spannung muß auch etwas höher genommen werden, wenn die Entfernung von Anode zur Kathode aus bestimmten Gründen eine größere als die normale von 10—12 cm sein muß. Als Temperatur für die Silberbäder ist stets nur eine gute Zimmertemperatur von 18° C erforderlich. Es ist gut Obacht zu geben, daß diese Temperatur nicht, oder wenigstens nicht wesentlich unterschritten wird, da sich dies durch schlechte Arbeit des Bades gleich bemerkbar machen wird. Die Waren werden stets bei eingeschaltetem Strom eingehängt, weil sonst im andern Fall sich sofort ein wenn auch nur kleiner Teil der Unterlagsmasse wie Kupfer, Nickel und Zink in das Bad übergehen und besonders das erstere das Bad in kurzer Zeit völlig unbrauchbar machen würde.

Bei nicht zu langen Unterbrechungen in der Arbeitsperiode ist es nicht nötig, die Anoden aus dem Bade zu entfernen. Soll aber doch eine längere Pause in der Inanspruchnahme des Bades eintreten, muß man die Anoden aus der Flüssigkeit herausnehmen. Das freie Zyankali des Bades löst doch nach und nach auch ohne Strom von dem Anodensilber merklich auf, reichert das Bad unnötig mit Silber an und das Bad wird zu arm an freiem Zyankali, so daß es bei Inbetriebnahme nur schlecht arbeiten würde.

Die Versilberung fällt immer matt aus. In den seltensten Fällen wird man sie als solche belassen, vielmehr muß eine Nachbehandlung durch Bürsten vorgenommen werden, um ihr den schönen weißen Silberglanz zu verleihen. Es geschieht dies Bürsten mittels volldrahtigen Zirkularbürsten aus Messing, dessen Drahtstärke 0,06—0,10 mm beträgt, unter Zuhilfenahme von Panamarinden- oder Seifenwurzelabkochung. Einzelne Teile oder Stellen, die einen besonderen Hochglanz erhalten sollen, werden noch mit Woll- und Mullbürsten behandelt oder mit dem Polierstein oder Stahl besonders bearbeitet. Ein vorheriges Glänzen vor dem Plattieren hat bei Versilberungen keinen Zweck. Im Gegenteil rauht man durch Schmirgelleinwand, feinstes Bimssteinpulver, Sand oder dergleichen etwa vorhandene glänzende Stellen vor der Versilberung etwas auf, damit der Niederschlag an dieser Fläche jetzt, wie leicht erklärlich, besser haftet als an einer sehr glatten. Es sind nun natürlich auch schon äußerst viele Versuche angestellt und auch schon manche Patente erteilt worden, um direkt schöne glänzende Niederschläge im Bade zu erzeugen. Es ist besonders bei nicht starker Versilberung wohl mit einem annähernden Erfolg in dieser Beziehung gearbeitet worden, aber ein allgemein verwendbares Rezept vor allem für Starkversilberung ist noch nicht bekannt geworden. Die Glanzversilberung für schwache Versilberung wird durch Zugabe von jeweils kleinen Mengen von Schwefelkohlenstoff erreicht, doch muß bei diesem Verfahren das Bad in größter Ruhe belassen werden. Auch Zusätze von wenig organischen Lösungen wie Glyzerin usw. sollen teilweise zu leidlich befriedigenden Resultaten geführt haben, doch sind diese Ergebnisse bei Nachprüfung nicht sonderlich gut ausgefallen. Die Versilberungsdauer, d. h. die Länge der Zeit des Einhängens der Waren in das Bad, richtet sich selbstverständlich je nach der Stärke des gewünschten Niederschlages. Wünscht man auf Gegenständen nur einen schwachen Überzug, der etwa nur zur Verzierung dienen soll, so genügt schon eine Versilberungsdauer von 10—20 Minuten. Bei Stark- oder Gewichtsversilberung indessen beträgt die Einhängedauer 3—5 Stunden und mitunter noch mehr. Vor allem wird diese Zeit angewendet bei Belagen von Bestecken, d. h. von Gegenständen, welche einer großen Abnützung unterworfen sind oder auch bei solchen, die einem nachherigen Färbeprozeß wie Oxydieren usw. dienen sollen. Die stärksten Silberauflagen von 0,2—0,3 mm sind auf andere Tafelgeräte wie Aufsätze, Schalen usw. besonders in Rußland hergestellt worden und zwar durch sicherlich tagelanges Einhängen in die Silberbäder. Es sind dies Gegenstände, die wohl auch bei nicht genauester Prüfung vortäuschen sollten, daß sie aus massivem Silber gefertigt wären.

Bei längerer Einhängedauer müssen die Gegenstände einige Male zwischendurch gekratzt und dann auch umgehängt werden, so daß vorher von den Anoden weiter entfernt gewesene Teile jetzt näher an dieselbe herankommen und umgekehrt, damit der Niederschlag sich möglichst gleichmäßig anzusetzen Gelegenheit hat. Das Kratzen zwischendurch soll auch zeigen, ob der Niederschlag gut haftet und nicht abblättert oder dergleichen, so daß eine längere Einhängedauer nur verlorene Arbeit wäre.

Sind die Waren fertig versilbert, so läßt man sie noch einige Sekunden im Bad bei ausgeschaltetem Strom oder man schwenkt sie einige Male in einer Zyankalilösung hin und her. Auch taucht man sie vielfach nach kurzem Abschwenken mit Wasser in eine verdünnte Schwefelsäure (1—10) kurz ein. Es kommt durch diese Maßnahmen ein helleres Weiß zum Vorschein.

Wie schon vorher ausgeführt, ist das Silber und ganz besonders das elektrolytisch abgeschiedene von den Atmosphärilien ungeheuer leicht angreifbar. Man sucht daher Gegenstände wie Aufsätze, Zierschalen usw. dagegen zu schützen, indem man sie zaponiert. Besonders notwendig ist dies bei Gegenständen, welche den schönen mattweißen Ton behalten, d. h. welche nicht blank gekratzt werden sollen. Das Zaponieren ist natürlich bei Gebrauchsgegenständen wie Bestecken usw. nicht angebracht.

Gewichtsversilberungen. Eine sehr große Rolle spielen bei den Silberniederschlägen die Gewichtsversilberungen. Es kommen hier fast nur Tafelgeräte und besonders Bestecke in Frage und zwar wird von der Kundschaft verlangt, daß immer auf eine bestimmte Menge wie auf 1 oder 2 Dutzend derartiger Gegenstände eine bestimmte Menge Silber 20—40—90 oder dgl. Gramm niedergeschlagen wurden. Die Feststellung dieser Niederschlagsmengen während des Versilberungsprozesses kann auf die verschiedenste Weise erfolgen. Am einfachsten in kleinen Verhältnissen ohne besondere Apparatur läßt sich dies ausführen, wenn man eine Anzahl gleichartiger und gleichgroßer Gegenstände, etwa Löffel in dasselbe Bad in gleicher Elektrodenentfernung einhängt, einen davon vorher genau wiegt und beobachtet, welche Stromstärke durch das Bad geht. Da die Stromstärke von einem Ampere in 1 Stunde 4,025 g Silber abscheidet, so ist leicht auszurechnen, wie lange der Versilberungsprozeß fortgeführt werden muß, um die gewünschte Silbermenge an der eingehängten Ware niedergeschlagen zu erhalten. Z. B. hat man 30 große Eßlöffel in das Bad gebracht und will eine Versilberungsstärke von 40 g Silber auf ein Dutzend Löffel haben. Die Stromstärke beträgt 8 Ampere. Diese schlagen in einer Stunde $8 \times 4,025$ g = 32,2 g Silber nieder, und zwar auf 30 Löffel, somit auf 12 davon $\frac{12}{30} \times 32{,}2$ g = 12,88 g Silber; 40 g Silber werden somit in $\frac{40}{12{,}88} = 3{,}1$ Stunde niedergeschlagen. Zu dem gleichen Resultat müssen wir natürlich auch kommen, wenn wir die Rechnung so stellen, daß wir sagen, auf 12 Löffel sollen 40 g Silber niedergeschlagen werden, somit auf 30 Löffel $\frac{30.40}{12} = 100$ g Silber. Bei 8 Ampere werden in einer Stunde 32,2 g Silber insgesamt niedergeschlagen, somit erfordern 100 g Silber $\frac{100}{32{,}2} = 3{,}1$ Stunde, oder 3 Stunden und 6 Minuten. Hat man sonach die 30 Löffel gegen 3 Stunden im Bade bei stets 8 Ampere Stromstärke belassen, so wird man nun den vorher genau gewogenen Löffel herausnehmen, abspülen, trocknen und wiegen. Die Zunahme des Gewichts des einzelnen Löffels sollte in diesem Falle 3,333 g betragen und ist dies annähernd der Fall, so dürfte die gewünschte Auflagestärke jetzt erreicht sein, widrigenfalls noch eine zu errechnende Zeit zum Einhängen verwendet werden müßte. Sicherheitshalber, um der genauen Kontrolle wegen, wird man diese Gewichtszunahme an zwei Gegenständen nebeneinander vornehmen.

In großen Betrieben, wo oftmals viele hundert Bestecke usw. gleichzeitig plattiert werden, ist man zu anderen Methoden der Gewichtsversilberungen gelangt. Wenn auch mit etwas komplizierter Apparatur, sucht man das Gewicht der Auflagen während des Prozesses festzustellen bzw. den Zeitpunkt herauszufinden, an welchem gerade die gewünschte Auflagemenge vorhanden ist. Hierzu bedient man sich der argyrometrischen und der voltametrischen Wagen. Die argyrometrische Wage ist folgendermaßen konstruiert. Eine Balkenwage steht unmittelbar neben dem Silberbad derart, daß das eine Ende des Balkens möglichst über der Mitte des Bades seinen Endpunkt hat. An diesem Ende hängt an Stelle der Wagschale an einem Metallstab ein Metallgitter, an welches die zu plattierenden Waren aufgehängt werden können. Am andern Ende des Wagbalkens ist wie bei gewöhnlichen Wagen eine Schale zur Aufnahme der Gewichte aufgehängt. An diesem Ende des Wagbalkens ist ein Metallstift angebracht, welcher in ein Näpfchen taucht, worin sich Quecksilber befindet. In dieses Quecksilber taucht andererseits noch ein Metallstift, welcher mit der isolierten negativen Stromleitung in Verbindung steht. In dem Näpfchen ist gerade soviel Quecksilber vorhanden, bzw. kann es durch eine Stellvorrichtung derart bewegt werden, daß bei genau wagrechter Stellung des Wagbalkens der an diesem angebrachte Stift gerade die Oberfläche des Quecksilbers berrührt. Werden nun Waren eingehängt, so müssen diese zunächst austariert werden, damit der Wagebalken in wagerechte Stellung kommt. Dann wird auf die Seite der Gewichtsschale soviel Gewicht aufgelegt, wie die Ware an Silber zunehmen soll. Hierdurch wird der Stift am Wagbalken tiefer in das Quecksilber getaucht und der Strom, welcher dem Quecksilber zugeführt wird, geht durch dieses, den Stift am Wagbalken, durch diesen (es müssen natürlich die Schneiden usw. der Wage aus Stahl oder Metall sein) und so zu den eingehängten Waren ins Bad hinein. Hier sind natürlich in entsprechender Anordnung Feinsilberanoden eingehängt, welche mit der positiven Stromleitung in Verbindung stehen. Nach und nach wird nun die Warenseite durch Aufnahme des niedergeschlagenen Silbers immer schwerer werden, die betreffende Seite des Wagbalkens wird heruntergehen und somit die andere gehoben. Hat sich an der Ware so viel Silber niedergeschlagen als das Gewicht ausmacht, was für die erwünschte Auflage auf die Gewichtsseite gelegt war, so wird jetzt der Wagbalken in genau wagerechter Lage sich befinden und der Stift am Wagbalken wird noch genau die Oberfläche des Quecksilbers berühren. Im nächsten Augenblick wird aber dann der Balken mit der Wage tiefer sinken, die andere Seite noch ein wenig in die Höhe gehen und der Stift das Quecksilber nicht mehr berühren. Sofort ist natürlich der Strom unterbrochen und der Niederschlagsprozeß im Bad hat aufgehört. Vielfach ist am Wagbalken der Warenseite eine kleine Zunge angebracht, welche bei dem zuletzt angegebenen tieferen Stand dieser Wagbalkenseite einen Knopf berührt und damit ein kleines Läutewerk in Funktion setzt, wodurch das Ende des Versilberungsprozesses auch dem Ohre kenntlich gemacht wird, so daß man hiermit aufmerksam gemacht wird, daß die nun fertigen Waren dem Bade entnommen werden können.

Bei Anwendung der voltametrischen Wage zur Feststellung

eines bestimmten Silberniederschlags ist im Prinzip dieselbe Wage erforderlich, doch ist diese meist außerhalb des Bäderraumes aufgestellt, aber in den vollen Stromkreis eingeschaltet. Bei dieser Wage wird nun genau so verfahren wie bei der argyrometrischen Wage, nur daß an Stelle der eingehängten Ware, also der Kathode hier einfache Kupferplatten in Anwendung kommen und als Anoden ebenfalls Kupferplatten, und als Elektrolyt eine Flüssigkeit, die in 1 Liter Wasser etwa 120 g Kupfervitriol und 50 g konzentrierte Schwefelsäure nebst einem kleinen Zusatz von Alkohol enthält. Bei dieser voltametrischen Wage wird natürlich Kupfer abgeschieden, und zwar richtet sich die Menge desselben genau nach der Menge des Stromes, also der Stromstärke, welche diese Wage durchläuft. Genau dieselbe Strommenge muß nun aber auch das Silberbad passieren und wir können danach feststellen, wieviel Silber scheidet sich hier ab, wenn wir in der voltametrischen Wage eine bestimmte Menge Kupfer zur Abscheidung gebracht haben. Ein Ampere Stromstärke scheidet in einer Stunde 1,186 g Kupfer und in der gleichen Zeit 4,025 g Silber aus, oder wenn 10 Ampere 11,86 g Kupfer abgeschieden haben, sind vom gleichen Strom in derselben Zeit 40,25 g Silber ausgeschieden. Umgekehrt können wir nun aber auch ausrechnen, wieviel Kupfer müssen wir in der voltametrischen Wage abscheiden, um eine ganz bestimmte Silbermenge mit dem gleichen Strom im Silberbade niederzuschlagen. Wenn 4,025 g Silber zugleich mit 1,186 g Kupfer abgeschieden werden, so wird 1 g Silber bei $\frac{1,186}{4,025}$ g = 0,295 g Kupferniederschlag abgeschieden. Wollen wir sonach bei 2 Dutzend in das Silberbad eingehängten Löffeln auf dieselben 40 g Silber pro Dutzend oder zusammen 80 g Silber niederschlagen, so müssen wir auf der voltametrischen Wage 80 $\times$ 0,295 g = 23,60 g Kupfer abscheiden, oder wenn wir diese Wage ins Gleichgewicht gebracht hatten auf die Wagschale 23,60 g Mehrbelastung geben. Nach einiger Zeit können dann in dieser Wage die Kupferanoden, welche schwächer geworden sind, gegen die schwerer gewordenen Kupferkathoden umgetauscht werden. Dies kann natürlich beliebig oft wiederholt werden.

An Stelle von Kupferelektrolyt und Kupferelektroden werden auch, allerdings selten, für die voltametrische Wage Bleielektroden und ein entsprechender Bleielektrolyt verwendet. Hier finden dann andere Gewichtsverhältnisse statt, da neben 1 g Silber gleichzeitig 0,874 g Blei abgeschieden werden. Es müssen also dementsprechend auch größere Gewichtsmengen auf die Wagschale als bei der Kupfervoltameterwage gelegt werden, und es ist ersichtlich, daß dadurch eine etwas größere Genauigkeit bei dieser Art der Methode erzielt werden kann. Das Prinzip dieser voltametrischen Wage ist, daß die im ganzen Stromkreis vorhandene Strommenge, die aus verschiedener Ursache zu verschiedenen Zeiten nicht immer die gleiche sein dürfte, in ihrer Gesamtheit genau gemessen und bestimmt wird. Vom gleichen Gedanken ausgehend, sind auch die verschiedentlich in Anwendung gekommenen Amperestundenzähler konstruiert worden, so auch ein sehr brauchbarer und einfach zu bedienender Gewichtsversilberungszähler der „Vereinigten elektrochemischen Fabriken Dr. O. Hahn, Markranstädt". Bei letzterwähntem Apparat wird an einem Schildchen die Anzahl der niederzuschlagenden Menge Silber in Gramm mittels einer Stellschraube angegeben, d. h. im Innern des Apparats ist dadurch die dafür bestimmte Amperemenge freigegeben, welche bei nun eingeschaltetem Strom nach und nach verringert wird, bis der Endverbraucherpunkt erreicht ist. Jetzt schaltet der Apparat den Strom von selbst aus und setzt auch noch ein Läutewerk in Tätigkeit, um auch so anzukündigen, daß die Arbeit vollzogen ist.

Die Erfahrung hat gezeigt, daß bei manchen viel benützten Gebrauchsgegenständen, wie Löffel, Gabeln usw., an einigen Stellen die Versilberungsauflage sich in erheblich stärkerer Weise im Laufe der Zeit abnützt, als an anderen Stellen. Der Gegenstand erhält dadurch ein weniger schönes Aussehen, und trotz der noch an den meisten Stellen desselben vorhandenen starken Silberauflage müßte eine Neuversilberung vorgenommen werden, um das frühere Aussehen wieder herzustellen. Man ist nun bemüht, den Gegenständen an denjenigen Stellen, wo diese Abnützung sich unangenehm bemerkbar macht, von vornherein eine viel stärkere Auflage zu geben, als an den andern Teilen. Man erreicht dies einmal dadurch, daß man den Gegenstand, nachdem er seine normale Silberauflage erhalten hat, mit Aussparlack abdeckt und nur diejenigen Stellen freiläßt, welche die verstärkte Auflage erhalten sollen. Nach bestimmter Einhängedauer wird der Lack mit Terpentin, Benzin oder dergleichen weggelöst. Dies Verfahren ist zeitraubend und mit Arbeits- usw. Unkosten verbunden. Daher ist man zu einer bequemeren Methode übergegangen. Diese besteht darin, daß man vor den zu plattierenden Gegenständen flache Scheiben in 1—2 cm Entfernung aus Glas, Hartgummi, Ebonit oder dergleichen einhängt, welche kreisrunde oder ovale Öffnungen an den Stellen haben, welche gerade den Teilen der zu plattierenden Ware gegenüber liegen, an welchen die Verstärkungen erfolgen sollen. Diese Blenden, aus nicht den Strom leitendem oder durchlassendem Material, bewirken, daß die Waren nun zunächst da vom Strom getroffen werden, wo die Öffnungen sich befinden, mithin wird auch dort die Silberablagerung in größerem Maße stattfinden. Die Silberbäder sind aber so gute Stromleiter bzw. streuen den Strom doch so gut, daß trotz des teilweisen Absperrens der direkten Stromlinie doch die andern Teile der Ware getroffen und mit versilbert werden, wenn auch nicht in dem gleichen Maße, was ja aber der Zweck dieser Anordnung durchaus ist.

Um an dem teueren Edelmetall zu sparen ist vielfach versucht worden, nicht reines Silber aus den Bädern niederzuschlagen, sondern mehr oder minder hochhaltige Silberlegierungen. Die Silberlegierungen, wie sie zur Herstellung jeglicher Silbergerätschaften, ob Schmuck, Gebrauchsgegenstände oder dergleichen verwendet werden, d.h. Legierungen von Silber mit Kupfer, lassen sich nicht elektrolytisch niederschlagen. So hat man denn neben Silber andere Weißmetalle, wie Nickel, Zink und Kadmium, zu Hilfe zu nehmen gesucht. Wohl ist dies zum Teil gelungen, aber doch stets auf Kosten des schönen Aussehens, so daß man davon auch fast restlos wieder abgekommen ist und der Feinsilberversilberung den Vorzug gibt.

Ist eine Versilberung mißlungen und man will einen besseren Überzug herstellen oder sollen Gegenstände mit teilweise abgenützter alter Versilberung wieder neu versilbert werden, so wird man diese Neuversilberung nicht auf die vorhandene Versilberung bringen, sondern die erste oder alte Versilberung erst entfernen, damit die Neuversilberung direkt auf das Grundmetall zu liegen kommt. Wohl gelingt es mehrfach, auf eine alte Versilberung nach sehr guter Reinigung und Verquickung einen haftenden neuen Niederschlag herzustellen, aber die Praxis zeigt doch zu häufig, daß ein Gelingen nicht immer gegeben ist. Das Abziehen der alten Versilberung macht sich ja auch dadurch bezahlt, daß man das weggelöste Silber gewinnt. Dieses Weglösen kann mittels des elektrischen Stromes erfolgen in einem Bad mit etwa 50 g Zyankali in 1 Liter Wasser gelöst bei einer Spannung von 3 Volt, in dem die Gegenstände als Anoden eingehängt und als Kathoden Eisenbleche benutzt werden. Bei einfacher Beobachtung ersieht man leicht, wann das Silber vollends entfernt ist. Der größte Teil des abgelösten Silbers befindet sich an der Eisenkathode und kann von dieser leicht abgenommen werden, aber im Elektrolyt ist auch noch eine beträchtliche Menge davon enthalten und wird gelegentlich, wenn die Anreicherung nach mehrmaligem Gebrauch des Elektrolyten eine bedeutende ist, wiedergewonnen, wie später angegeben wird. Trotzdem dieses Abziehen alter Versilberung wohl das reinlichste und angenehmste ist, wird doch das Verfahren mittels Säuren viel mehr angewendet. Dazu stellt man sich ein Gemisch aus 1 Liter konzentrierter Schwefelsäure von 60° Bé oder 1,84 spez. Gewicht mit 600 ccm Salpetersäure von 1,4 spez. Gewicht her. Man gießt die Schwefelsäure in die Salpetersäure in kleinen Portionen, läßt das sich stark erwärmende Gemisch abkühlen und gibt nun erst weiter Schwefelsäure hinzu und fährt so fort, bis die bestimmten Säuremengen gemischt sind. Erst nach völligem Abkühlen legt man die versilberten Objekte hinein, derart, daß sie von dem Säuregemisch vollends bedeckt sind. Hat man größere Gegenstände zu entsilbern, die nicht ganz in das Gefäß mit der Säure hineinpassen und will man sich nun dadurch helfen, daß man erst die eine Hälfte und später die andere Hälfte in die Säure zu tauchen beabsichtigt, so wird man die unangenehme Erfahrung machen, daß an der Stelle, wo der Gegenstand aus der Säure herauskommt, also jetzt auch mit der Luft in Berührung kommt, ein äußerst merkliches Angreifen der Grundmaße durch die Säuren erfolgt, und zwar vielfach derart stark, daß der ganze Gegenstand verdorben bzw. unbrauchbar wird. Man muß für solchen Fall unbedingt für ein größeres Säuregefäß sorgen, damit obige Vorschrift des vollen Eintauchens befolgt werden kann. Ebenso muß man sich hüten, daß dieses starke Säuregemisch wasserhaltig wird, denn dann wird von der etwas verdünnten Säure das Grundmetall auch angegriffen und eventuell aufgelöst. Das Ablösen auch ziemlich starker Silberschichten ist meist über Nacht erfolgt, doch wird man auch hier durch einfache Beobachtung leicht den Endpunkt der Ablösung feststellen können.

Das vielfach benützte Säuregemisch sowie die für sich gesammelten Abspülwässer, welche man durch Abschwenken der aus den Säuren entnommenen Gegenstände erhält, sind sehr silberreich. Diese edelmetallhaltigen Laugen schüttet man in ein größeres Gefäß mit Salzsäure oder salzhaltigem Wasser und rührt tüchtig um. Es hat sich Chlorsilber gebildet, welches sich absetzt. Man prüft mit ein paar Tropfen Salzsäure, ob alles Silber ausgefällt ist. Erfolgt noch ein weißer Niederschlag, so muß so lange Salzsäure oder salzhaltiges Wasser zugegeben werden, bis bei weiterer Prüfung kein Niederschlag mehr erfolgt. Dann wird der Silberniederschlag gut absitzen gelassen, die überstehende klare Flüssigkeit abgehebert, wieder viel Wasser zugegeben, gut umgerührt, absitzen gelassen und so fortgefahren, bis etwa sechs bis siebenmal Wasser zugegeben war und die letzte Flüssigkeit nicht mehr sauer reagierte oder schmeckte. Man bringt das Chlorsilber in einer Porzellanschale zum Trocknen und verschmilzt es dann zu Feinsilber in einem sogenannten Sandtiegel unter Zugabe eines Schmelzmittels, welches besteht aus 500 g Soda, 100 g Pottasche, 300 g Glaspulver und 100 g Borax. Auf 1 kg trocknen Chlorsilbers nimmt man 1400 g des Schmelzpulvers.

Die von alter oder ungenügender Versilberung befreiten Gegenstände müssen jetzt gut gesäubert und dekapiert werden, eventuell auch verquickt, bevor sie nun in das Silberbad eingehängt werden, um den neuen Silberüberzug zu erhalten.

Die Wiedergewinnung des Silbers aus alten Bädern. Das Wiedergewinnen des Edelmetalls aus abgesetzten, nicht mehr verwendbaren Silberbädern sowie aus Bädern, welche zum Abziehen alter Versilberungen verwendet worden waren, kann auf die verschiedenste Weise erfolgen. Handelt es sich um nicht zu große Flüssigkeitsmengen, so kann man dieselben eindampfen und den Rückstand auf Feinsilber verschmelzen. Das Schmelzen erfolgt in einem Sandtiegel unter Zugabe von 500 g Soda und 300 g Glaspulver auf je 1 kg Rückstand. Sind größere Flüssigkeitsmengen vorhanden, so wird meist das Silber aus diesen mit Hilfe von metallischem Zinkpulver ausgefällt. Es muß recht oft umgerührt werden, und außerdem stellt man noch 2—3 Eisenstäbe in die Flüssigkeit. Steht eine maschinelle Rührvorrichtung zur Verfügung, die ununterbrochen laufen kann, so ist das Silber in etwa 2 Tagen ausgefällt. Man läßt absitzen und prüft die klare Flüssigkeit auf etwa noch vorhandenen Silbergehalt, indem man einen kleinen Teil davon in einem Becherglase mit Salpetersäure versetzt, ein Weilchen kocht, und ist noch kein Niederschlag erfolgt, auch noch mit ein paar Tropfen Salzsäure versucht, ob sich auch dann kein Niederschlag zeigt, so kann man die über dem Niederschlag stehende Flüssigkeit abhebern und als wertlos fortschütten. Zeigt sich noch ein Niederschlag, so muß weiter gerührt werden. Der Niederschlag wird entweder auf ein Filter gebracht und mit viel Wasser ausgewaschen oder er wird etwa acht bis zehnmal mit Wasser dekantiert. Dann wird mit Hilfe von verdünnter Schwefelsäure ($1 = 10$) das noch vorhandene überschüssige Zinkpulver weggelöst und der nun ziemlich reine Silberrückstand wieder mit Wasser gut ausgewaschen, getrocknet und unter Zugabe von etwas Soda, Borax und Salpeter verschmolzen.

Man kann auch aus der Flüssigkeit das Silber mit Hilfe von Aluminiumpulver ausfällen und gibt hier eine Lösung von Ätznatron (käuflicher Seifenstein) hinzu, wodurch die Reaktion beschleunigt wird. Nach etwa 2 Tagen ist meist auch die Ausfällung beendet. Die Lösung wird wie oben geprüft, der Niederschlag ausgewaschen oder dekantiert, mit Salzsäure der Rest des Aluminiums weggelöst, wieder ausgewaschen, getrocknet und mit Soda, Borax und Salpeter verschmolzen.

d) Vergoldung.

Auf Silber, Kupfer, Messing, Bronze und Neusilber lassen sich Vergoldungen sehr leicht ausführen, fast auch noch gut auf Stahl und Eisen sowie Nickel, weniger gut auf Weichmetallen wie Blei, Zinn, Zink und Britanniametall. Bei billigen Zinngegenständen, wie Mechanik an Parfümzerstäubern usw., wird zwar eine direkte Vergoldung ausgeführt, doch ist sie nicht immer zum besten haftend. Es ist doch meist zu empfehlen, diese Metalle vorher zu verkupfern oder zu vermessingen. Besonders letzteres ist zu empfehlen, da bei der doch meist nur sehr schwachen Vergoldung diese leicht abgenützt wird, zunächst immer noch die goldähnliche Zwischenlage von Messing zum Vorschein kommt und der Schaden nicht so leicht in die Augen springt. Aus genau dem gleichen Grunde empfiehlt es sich, auch das Silber, trotzdem der Goldniederschlag hier sehr gut haftet, vor der Vergoldung erst zu vermessingen. Besonders empfehlenswert ist dies, wenn aus irgendeinem Grunde eine Kaltvergoldung stattgefunden hat. Diese ist nicht zu satt,

d. h., sie läßt leicht das weiße Silber durchscheinen und derart der Vergoldung nicht den gewünschten Ton verleihen. Kalte Bäder, d. h. solche bei normaler Zimmertemperatur von etwa 18° C, müssen angewendet werden bei Waren, die mit unechten Steinen gefaßt sind, da letztere in der heißen Lösung Not leiden können, ferner bei emaillierten Gegenständen, denn wenn man diese in heiße Bäder bringen würde, liefe man zu leicht Gefahr, daß durch die ungleiche Ausdehnung von Email und Metall bei Erwärmung ersteres abspringen und derart das Objekt wertlos und völlig unbrauchbar machen würde. Ferner werden kalte Bäder angewendet bei Ziervergoldungen, wo ein Teil des Objektes mit Aussparlack abgedeckt ist, welcher im heißen Bade weich werden und sich loslösen würde. Dann werden auch noch kalte Vergoldungsbäder angewendet für sehr große Gegenstände, welche dementsprechend große Gefäße für das Bad erfordern. Solche sind aber meist nicht gut zu erwärmen, da sie vielfach aus Steinzeugwaren bestehen. Die warme Vergoldung wird vorzüglich in emaillierten Eisenwannen ausgeführt, welche fast ausschließlich durch Gas erhitzt werden. In kleinen Vergoldereien werden auch Porzellanschalen, die sich ebenfalls leicht erwärmen lassen, verwendet. Die Temperatur dieser Bäder ist eine äußerst verschiedene, so wird von 50° an bis fast Kochhitze verwendet. Im allgemeinen kann eine solche von 60—70° empfohlen werden. Selbstverständlich wird durch das Erwärmen der Badflüssigkeit ständig ein Teil des Wassers vom Elektrolyten verdampft, und um im Bade nicht zu große Temperaturschwankungen durch Ergänzung des verdampften Wassers durch kaltes hervorzurufen, so hält man sich stets etwas warmes Wasser bereit, um von diesem in das Bad nachgießen zu können. Die warmen Bäder haben den kalten gegenüber den großen Vorzug, daß bei ihnen der Niederschlag schneller erfolgt und somit satter und feuriger wird. Durch das schnelle Ausfallen des Goldes ergibt sich auch noch der Vorteil, daß das Bad nicht so viel Edelmetall aufzuweisen braucht wie bei kalten Bädern. So hat man in warmen Bädern meist nur einen Goldgehalt von 1 g in 1 Liter, während in kalten Bädern Gehalte bis über 5 g Gold genommen werden.

Die Herstellung der Goldbäder erfolgt auf die verschiedenartigste Weise, und zwar dient als Ausgangsmaterial entweder Chlorgold oder man bereitet das Bad direkt durch Auflösen von Gold in der Badflüssigkeit oder in einem Teil derselben. Das Chlorgold ist käuflich zu haben und hat dann fast stets einen Feingehalt von 49—50 vH. Wer jedoch, des sicheren Feingehalts wegen, das Chlorgold sich selber herstellen will, muß folgendermaßen verfahren: Man nimmt recht dünn ausgewalztes Feingold, etwa 10 g, und übergießt dies in einem Becherglas von etwa 400 ccm Inhalt mit etwa 60 ccm chemisch reiner Salzsäure und 15 ccm chemisch reiner Salpetersäure. Das Gold löst sich zwar in der Kälte, aber will man den Prozeß beschleunigen, kann man etwas erwärmen. War das Gold rein, besonders frei von Silber, so wird es sich ohne Rückstand leicht auflösen. Die stark rot-dunkelgelb gefärbte Flüssigkeit schüttet man in eine Porzellanschale und dampft die Flüssigkeit in einem Wasserbade ein, gibt aber auf 10 g Feingold 2,74 g reines Chlornatrium (Kochsalz) hinzu. Ist die Lösung so weit eingedampft, daß sich Salzkrusten bilden, rühre man mit einem Glasstabe ununterbrochen, bis keine Flüssigkeit mehr vorhanden und das Salz trocken geworden ist. Dies Rühren nimmt etwa 6—7 Minuten Zeit in Anspruch. Nun gibt man auf das Salz so viel Wasser, daß es sich gerade wieder auflöst. Dann wird wieder im Wasserbade wie vorher, d. h. zum Schluß, unter stetem Umrühren eingedampft und nochmals mit wenig Wasser aufgelöst und jetzt endgültig nochmals ebenso zur Trockne verdampft, bis das Salz recht trocken geworden ist. Dieses jetzt orangefarbene, fertige Goldchloridchlornatrium muß doppelt soviel wiegen, wie das verwendete Feingold, also bei 10 g aufgelösten Goldes erhalten wir jetzt 20 g Goldsalz. Das Goldchlorid, welches man erhält, wenn man ohne Chlornatriumzusatz die Goldlösung eindampft, ist stets noch salzsäurehaltig, und außerdem äußerst stark hygroskopisch, d. h. es zieht aus der Luft stark Feuchtigkeit an und zerfließt infolgedessen bald und kann daher auch nicht genau abgewogen werden. Demgegenüber ist das oben beschriebene Natrium-Goldchlorid absolut frei von freien Säuren und außerdem nicht hygroskopisch, so daß es leicht aufzubewahren ist und sich gut in Ruhe abwiegen läßt.

Bad für Kaltvergoldung. Soll ein Bad für Kaltvergoldung hergestellt werden, so wiegt man von dem Goldsalz 6—8 g ab, entsprechend 3—4 g Feingold, löst in wenig Wasser und 8 g Zyankali für sich auch in Wasser, schüttet die beiden Flüssigkeiten zusammen und füllt mit reinem destilliertem Wasser zu einem Liter auf. Die Spannung beträgt etwa 3 Volt. Am vorteilhaftesten verwendet man Feingoldanoden, welche mindestens $^1/_3$ der Warenfläche betragen müssen. In diesem reinen Zyankalibade lösen sich die Anoden fast absolut in der Menge, wie Gold an der Ware abgeschieden wird. Das Bad behält demnach seinen Metallgehalt und kann beträchtliche Zeit eventuell nur unter geringer Ergänzung des Zyankalis in Betrieb gehalten werden. Werden unlösliche Anoden verwendet, wie Platinbleche oder Kohle, so kann die Spannung ein wenig höher genommen werden. Das Bad verarmt natürlich nach und nach an Metall, und dieses muß demgemäß wieder durch Zugabe von Chlorgold oder Goldtripelsalz (käuflich mit 40 vH Gold) ergänzt werden. Besonders wenn man mit unlöslichen Anoden arbeitet, gibt man in dieses Bad noch 8—15 g kohlensaures Natron (Soda), um somit die Brillanz des Niederschlages noch etwas zu erhöhen. Bei löslichen Anoden ist es weniger angebracht einen Sodazusatz dem Bade zu geben, weil sich durch Umsetzung doch auch Zyannatrium bildet, welches die Löslichkeit der Anode beeinträchtigt.

Knallgoldbad. Das in das Bad gelangte, vom Chlorgold herrührende Chlor wird zwar durch Umsetzung ans Kalium gebunden, aber vielmals wird gewünscht, daß auch nicht dieses neugebildete Salz bzw. dessen Chlorgehalt im Bade sein soll. Für diesen Fall wird folgendermaßen verfahren. Die für das Bad bestimmte Menge Gold wird, wie vorher beschrieben, im Säuregemisch, dem Königswasser aufgelöst oder man löst die entsprechende Menge Goldsalz in Wasser. Zu der reichlich mit Wasser verdünnten Goldlösung wird so lange reiner Salmiakgeist-Ammoniak hinzugesetzt, wie sich noch ein rötlich gelber Niederschlag bildet. Man läßt nach gutem Aufkochen der Flüssigkeit absitzen, hebert oder gießt die klare Flüssigkeit ab, versetzt mit reinem Wasser, rührt um, läßt wieder absitzen und fährt so fort, bis man mindestens sechsmal frisches Wasser auf den Niederschlag gegeben hat. Hat man nun wieder die klare Flüssigkeit abgehebert, so gibt man sofort eine Zyankalilösung hinzu, die so viel Zyankali enthält, daß auf je ein Gramm Gold 2 g Zyankali kommen. Das mit Ammoniak ausgefällte Gold, das Goldoxydammoniak oder auch Knallgold genannt, muß stets sehr feucht gehalten werden, darf also auf keinen Fall eintrocknen. Denn wenn dies geschehen sollte, so kann durch eine kleine Reibung oder dergleichen eine heftige Explosion, unter heftigster Detonation, entstehen, die in ihrer Wirkung sehr gefährlich ist, Gefäße zerschmettert usw. Selbstverständlich ist auch das ganze hier verwandte Gold gleichsam in Atome zerstäubt und verloren. Es ist also höchste Vorsicht beim Umgang mit dem Knallgold geboten. Die Zyankali-Goldoxydammoniaklösung wird dann derart mit destilliertem Wasser verdünnt, daß 2—3 g Gold in einem Liter Badflüssigkeit enthalten sind. Die Strom- und andern Badverhältnisse sind wie bei obigem Bade die gleichen.

Bad mit Ferrozyankalium. Ein viel in der Praxis angewendetetes Bad für kalte Vergoldung ist das nachstehend beschriebene, zumal es nicht das äußerst giftige Zyankali, sondern das ungiftige Doppelsalz Ferrozyankalium oder gelbes Blutlaugensalz enthält. Zur Herstellung dieses Bades löst man 15 g gelbes Blutlaugensalz in etwa 200 g Wasser, 15 g kohlensaures Natron-Soda in 200 ccm Wasser und 4 g Chlorgold in 50 ccm Wasser. Man schüttet die Lösungen in derselben Reihenfolge zusammen, erhält meist aber keine klare Lösung zum Schluß, sondern läßt den entstandenen Niederschlag absitzen oder filtriert ihn ab. Die klare Lösung wird dann zu 1 Liter aufgefüllt. Da sich in diesem Bade die Goldanode nicht löst, können hier Platin-, Kohle-, oder auch Eisenannoden verwendet werden. Das Bad ist natürlich in kurzer Zeit durch Zusatz von Chlorgold wieder in seinen ersten Zustand zurückzuführen oder ganz zu erneuern. Die Spannung für dieses Bad beträgt 2—2,5 Volt. Die Anodenfläche soll in diesem Bade so groß sein wie die Warenoberfläche. Dieses Bad ist am besten geeignet um Gegenstände, welche teilweise mit Aussparlack abgedeckt sind, zu vergolden, denn die zyankalischen Bäder greifen doch auch in der Kälte den Decklack etwas an, während sie von dem Blutlaugensalz in keiner Weise verändert werden.

Ganz besonders aber kann dieses Bad verwendet werden zur Herstellung der sogenannten echten Pariser Vergoldung. Diese ist dadurch ausgezeichnet, daß bei profilierten Gegenständen in der Tiefe eine matte bräunlichrote Goldschicht sich zeigt, während die erhöhten Stellen den schönen goldgelben Ton mit Glanz aufweisen. Um diese Art Vergoldung herzustellen, beläßt man die Ware bei erhöhter Stromstärke von 4—5 Volt so lange im Bade, bis der anfänglich goldgelbe Niederschlag insgesamt den braunroten Ton angenommen hat. Nach Herausnahme, Abspülen und Trocknen werden die Gegenstände mit einem Lederlappen, eventuell unter

Zuhilfenahme von ein wenig Polierrot mit Schlemmkreide gemischt so lange an den erhabenen Stelle gerieben, bis diese glänzend werden und dann auch den goldgelben Ton aufweisen.

Bad für Heißvergoldung. Diese verschiedenen Bäder für Kaltvergoldung dürfen natürlich nicht zu geringe Temperatur aufweisen, zuwenigst nicht unter 18° C haben. Sie arbeiten aber auch sehr vorteilhaft, wenn sie wärmer sind. Das Blutlaugensalzbad wird auch demgemäß für Warmvergoldung verwendet. Im allgemeinen hat man aber für Heißvergoldung etwas anders zusammengesetzte Bäder, da man aus diesen fast stets nur einen äußerst geringen Hauch Gold auf die Ware niederzuschlagen beabsichtigt, der aber doch den vollen, satten Goldton zeigt. Der Strom muß demgemäß kräftig wirken, also auch gut und leicht durch die Flüssigkeit seinen Weg finden. Dementsprechend sind diese Bäder zusammengesetzt, d. h. mit einer verhältnismäßig großen Menge Leitsalzes versehen, und zwar verwendet man:

50 g phosphorsaures Natron,
1 g Zyankali,
1,0 g Gold = 2 g Chlorgold, oder auch in Ammoniakgold,
1 Liter Wasser.

Die Temperatur des Bades beträgt 60—70° C. Als Spannung genügen 2—3 Volt, doch wird meistens, besonders bei unlöslichen Anoden, mit 6—8, sogar mit 12 Volt Spannung gearbeitet. Wenn auch letztere Spannungen zu übertrieben hoch sind, so schaden sie doch im allgemeinen nicht, da hier die Ware fast stets nur einige Sekunden eingehängt zu werden braucht, um einen schönen, satten Goldüberzug zu erhalten. Als Anoden ist natürlich auch hier am besten Gold zu verwenden, da dann das Bad ohne irgendwelchen Zusatz sehr lange gebrauchsfertig bleibt. Bei dieser Schnellvergoldung wird allerdings nicht so viel Gold an der Anode aufgelöst, wie kathodisch abgeschieden wird, das Bad verarmt somit auch hier nach und nach an Metall, das wieder ergänzt werden muß. Verwendet man jedoch unlösliche Anoden, so muß sehr schnell das dem Bad entzogene Gold durch Zugabe von Goldchlorid, Goldoxydammoniak oder Goldtripelsalz wieder zugeführt werden. Bei diesem Bade genügt es, wenn die Anodenfläche $^1/_3$ der Warenfläche entspricht.

Wie schon vorher erwähnt, ist das durch die starke Erwärmung verdunstete Wasser stets zu ersetzen. Es muß darauf geachtet werden, daß dieser Ersatz immer nur mit destilliertem Wasser erfolgt, denn Leitungs- und anderes Wasser enthält mehr oder minder andere Salze (Kalke) gelöst, welche sich im Bade anreichern und dann sehr leicht Störungen verursachen würden. Geht die Vergoldung sehr träge vor sich, beruht dies vielfach auf einem Mangel an Zyankali, das aber nur in kleinen Mengen hinzugesetzt zu werden braucht. Ist davon zuviel im Bade, so wird eine ziemlich starke Gasentwicklung sich zeigen. Bei der angewendeten, meist unnötig hohen Spannung tritt, allerdings dadurch hervorgerufen, auch stets eine nicht unbedeutende Gasentwicklung auf. Infolge dieser Gasentwicklung findet ein starkes Umherspritzen kleiner Mengen der Vergoldungsflüssigkeiten statt, und ebenso werden durch das Verdampfen und Wiederergänzen der Badflüssigkeit die Zuleitungsdrähte usw. stets angegriffen und verunreinigt. Es muß daher immer dafür gesorgt werden, daß diese Drähte usw. sauber geputzt und gereinigt werden, um den nötigen Kontakt herzustellen.

Eine andere Methode, um Gold in Lösung zur Herstellung von galvanischen Bädern zu bringen, ist auch folgende, besonders wenn es sich um Zubereitung größerer Badflüssigkeitsmengen handelt. Es sind zwei Gefäße von derartigen Abmessungen erforderlich, daß das eine sehr bequem in das andere eingestellt werden kann und zwischen den Wandungen noch erheblicher Platz verbleibt. Das innere Gefäß muß aus porösem Ton bestehen und somit den elektrischen Strom hindurchlassen, nicht aber die Flüssigkeit. In dieses innere Tongefäß wird eine Zyankalilösung von etwa 15 g Zyankali in 1 Liter Wasser gegeben, und hierin wird ein Stahlblech gehängt, welches mit der Kathodenleitung einer Stromquellenanlage verbunden ist. In das äußere Gefäß, welches aus Steinzeug, Glas, Porzellan, emailliertem Eisen usw. bestehen kann, kommt ebenfalls eine Zyankalilösung, deren Zyankaligehalt sich danach richtet, wieviel Gold man aufzulösen gedenkt. Man rechnet im allgemeinen so, daß auf etwa 100 g aufzulösenden Goldes 110 g Zyankali oder etwas mehr kommen. Das Gold wird in dünn ausgewalztem Zustand an Platindrähten oder einem Platingestell in das äußere Gefäß gehängt und mit der Anodenleitung verbunden. Ein Strom von 12—15 Volt Spannung dient zur Auflösung des Goldes. Ist das Gold nicht vollends aufgelöst, wird das übrig gebliebene gewogen und von dem natürlich auch gewogenen, eingehängt gewesenen Gold abgezogen, und man hat nun die bestimmte Menge des aufgelösten Goldes. Will man nicht für ein größeres Goldbad die ganze, im äußeren Gefäß befindliche Goldlösung mit dem bestimmten Gehalt verwenden, so mißt man diese Flüssigkeitsmenge und ermittelt so, wieviel Gold sich in einem Liter oder einem bestimmten Teil befindet, um damit nach Wunsch ein Bad zurecht zu machen.

Wenn man mit löslichen Anoden arbeitet, kann man auch im Bad direkt sich die Goldlösung herstellen, wenn man als Badflüssigkeit zunächst eine Zyankalilösung mit 4—6 g Zyankali in 1 Liter nimmt, als Kathode zunächst ein Gold- oder auch Kupferblech einhängt, als Anode ein Goldblech, und nun den Strom etwa 15—20 Minuten durch dieses Bad schickt. Nach dieser Zeit hat sich von der Anode genügend Gold gelöst, und davon ist der größte Teil in Lösung geblieben, so daß nun an die Kathodenleitung Waren eingehängt werden können, auf welchen sich dann der gewünschte Niederschlag zeigen wird.

Die Stärke der Spannung im Bade übt einen merklichen Einfluß auf die Tönung des erfolgenden Niederschlages aus, so ergibt eine niedrige Spannung eine mehr blasse Vergoldung, wohingegen eine höhere Spannung eine dunklere Vergoldung hervorbringt. Letztere sieht daher auch satter aus, und so ist auch erklärlich, daß meist mit sehr hohen Spannungen vergoldet wird.

Da in den Goldbädern verhältnismäßig wenig Gold vorhanden ist, somit beim Durchleiten des Stromes an der Warenseite eine äußerst metallarme Schicht entsteht, so ist es vorteilhaft, daß die Badflüssigkeit gut bewegt, d. h. gut durcheinander gerührt wird. Dies wird in der Praxis derart durchgeführt, daß man die Waren für die kurze Zeit der Einhängedauer hin und her schwenkt.

Meistens wird ja nur eine äußerst dünne Vergoldungsschicht verlangt, aber es gibt natürlich auch Fälle, wo eine stärkere Vergoldung gewünscht wird. Hier muß dann die Ware einer entsprechend längeren Vergoldungsdauer unterworfen werden, wobei dann auch die Spannungsverhältnisse besonders berücksichtigt werden müssen. Würde man hier, wie sonst meist üblich, mit einer größeren Spannung arbeiten, so würde nach kurzer Zeit der Niederschlag pulverig ausfallen, und wollte man nun die Ware glänzend scheuern oder bürsten, so hätte man mit einem erheblichen Goldabgang zu rechnen, der wohl nicht vollständig in den Poliertüchern, Exhaustoren usw. sich wiederfinden würde. Aber auch bei längerer Einhängedauer und niedrigen Spannungsverhältnissen wird der Goldniederschlag matt und unansehnlich und muß ebenso auf Kosten von Goldverlust poliert werden. Um eine Starkvergoldung auszuführen, ist es nötig, daß die Ware nach nicht zu langer Einhängedauer dem Bade entnommen wird und nun brüniert werden muß, d. h. mit Hochglanz polierten Stahlstäben, unter Zuhilfenahme von Seifenwurzel- oder Panamaridenabkochung, stark gerieben wird. Hierdurch wird der Goldniederschlag einmal gut geglättet und sehr fest an die Unterlage gedrückt. Danach kann wieder eingehängt und frisch vergoldet werden. Bei nochmaligem Wiederholen dieser Arbeit kann man äußerst starke Goldüberzüge erhalten. Bei Massenartikeln wird das Brünieren durch das Scheuern in Schüttelfässern ersetzt. In diesen wird durch kleine Stahlkugeln oder Stahlstifte, ebenfalls unter Zuhilfenahme von Seifenwurzel- oder dergleichen Abkochung, unter stundenlangem Drehen dieser Fässer ein gleicher Zweck verfolgt und erreicht.

Die Goldniederschläge werden meist als glänzende, seltener matt verlangt. Glänzende Niederschläge erzielt man direkt auf vorher glanzpolierten Gegenständen, aber auch nur dann, wenn die Vergoldung nur schwach sein soll, d.h. nicht lange im Bad zu hängen braucht, denn bei einer längeren Einhängedauer wird der Niederschlag doch matt, wenn er auch auf dem bestpolierten Untergrund ausgeführt wird. Man hat bei der glänzend ausgefallenen Vergoldung dann meist nur nötig mit einem weichen Leder, eventuell unter Zuhilfenahme von ein wenig Polierrot, etwas nachzuwischen. Hat der Niederschlag nicht den gewünschten Glanz, so muß mittels Polierstahl oder Blutstein und Seifenwurzelabkochung nachgeglänzt werden. Mattvergoldung wird stets auf vorher mattiertem Untergrund ausgeführt, und hier ist für viele Fälle die Mattierung der Unterlage durch einen Kupferniederschlag aus saurem Bade sehr wirkungsvoll.

Farbvergoldung. In sehr vielen Fällen wird aber nicht eine Feingoldvergoldung gewünscht, sondern man wünscht einen Niederschlag, der in der Farbe des legierten Goldes erscheint. Man spricht dann von Farbvergoldung. Genau so wie man bei den Goldlegierungen von Rotgold, Rosagold, Gelbgold, Blaßgold und Grüngold spricht, so bezeichnet man auch die verschiedenen Bäder, mit welchen man derartige Niederschläge erzeugt, als Rotgoldbad,

Rosagoldbad, Blaßgoldbad und Grüngoldbad. So wie bei den verschieden gefärbten Goldlegierungen die wechselnden Gehalte von Kupfer und Silber neben dem Golde diese verschiedenen Tönungen hervorrufen, ebenso wird dies bei den verschieden gefärbten Goldniederschlägen durch mehr oder minder größere Beigaben von Kupfer und Silber oder je einem derselben zu den entsprechenden Goldbädern bewirkt. Die Zugabe dieser Metalle erfolgt entweder durch ein bestimmtes Quantum einer entsprechenden Badflüssigkeit oder durch anodisches Auflösen im Bad selbst.

Ein Rotgoldbad wird danach hergestellt, indem man zu einem zyankalischen Feingoldbad mit 1 g Gold in 1 Liter etwa 25 ccm zyankalisches Kupferbad hinzufügt, so daß auf 1 g Gold etwa 0,25—0,5 g Kupfer kommen. Der Niederschlag aus diesem Rotgoldbad ist recht intensiv rot gefärbt, und es ist meistens recht schwer zu beurteilen, ob bei etwas längerer Benützung eines solchen Bades nicht alles Gold schon ausgefällt ist und lediglich nur noch eine Verkupferung stattfindet, wie dies in der Praxis schon mehrfach vorgekommen ist. Ein derartiger Fall kann natürlich nur eintreten, wenn mit unlöslichen Anoden gearbeitet wird, weil ja in diesem Falle das Bad metallarm bis metalleer wird. Es dürfte sich also hier besonders empfehlen mit löslichen Anoden zu arbeiten, wobei man als solche eine Legierung von Gold und Kupfer nehmen würde mit einem Mischungsverhältnis dieser beiden Metalle, das dem gewünschten Niederschlag ungefähr entsprechen würde. Man kann aber auch derart verfahren, daß man Feingold- und Feinkupferanoden nebeneinander in das Bad hängt, deren Oberfläche dem ungefähr gleichen Verhältnis wie zuvor angegeben entsprechen müßte. Das als Anode eingehängte Kupfer überzieht sich leicht mit schwer löslichem Parazyankupfer und dies muß öfters entfernt werden. Soll die Vergoldung einen helleren Ton erhalten, d. h., wird eine Rosavergoldung gewünscht, so muß das Goldbad außer dem Kupfer noch einen Zusatz von Silber erhalten. Hierzu bedient man sich des früher beschriebenen Silberbades. Man gibt dann auf 1 Liter Goldbad mit 1 g Gold darin etwa 40 ccm Kupferbad und 2 ccm Starksilberbad mit 25 g Silber in 1 Liter, so daß nun im Bad neben 1 g Gold etwa 0,4 g Kupfer und 0,05 g Silber kommen. Je mehr Silberbad hinzugefügt wird, um so heller fällt natürlich der Niederschlag aus, und man erhält dann schließlich blaßgelbe Vergoldung. Eine sogenannte Grünvergoldung erhält man in einem Bade, bei dem zu dem Goldbad nur Silberbad, und zwar etwa 40—50 ccm Silberbad auf 1 Liter Goldbad kommt. Eine schöne Grünvergoldung erzielt man auch, wenn man die Gegenstände erst versilbert und hierauf eine sehr schwache Vergoldung im Feingoldbad gibt. Bei den Rosa- und Blaßgelbvergoldungsbädern muß mit Zusatz von Silberbad sehr vorsichtig vorgegangen werden. Man darf pro Liter Bad nur immer $^1/_2$—1 ccm davon zusetzen, sonst liegt die Gefahr vor, daß das Silber vorschlägt und die Vergoldung fast weiß ausfällt. Sollte doch einmal dieser Umstand eingetreten sein, so kann man sich allenfalls dadurch helfen, daß man dem Bade mittels des elektrischen Stromes einen Teil des Silbers wieder entzieht. Man erreicht dies, wenn man durch das Bad einen Strom von etwa $^1/_2$ Volt Spannung schickt und als Kathode irgendein Metallblech einhängt. Bei dieser geringen Spannung wird in der Hauptsache nur Silber abgeschieden, allerdings auch zugleich eine kleine Menge Gold. Man darf daher nicht annehmen, daß der schön weiße Niederschlag reines Silber wäre. Nach nicht zu langer Zeit dürfte genügend Silber aus der Badflüssigkeit entfernt sein, und ein Versuch mit $2^1/_2$—3 Volt Spannung wird bald einen Niederschlag ergeben, bei welchem das Gold bzw. Gold und Kupfer vorherrschen.

Gewichtsvergoldung. Sowie in großem Maßstabe die Gewichtsversilberung angewendet wird, so wird auch in vereinzelten Fällen die Gewichtsvergoldung vorgenommen. Da es sich hier fast nur um nicht zu große und überzahlreiche Gegenstände handelt, werden diese Gewichtsvergoldungen mit Hilfe der argyrometrischen Wage ausgeführt. Diese ist bei Gewichtsversilberungen genauer beschrieben, sowie die Arbeitsweise mit derselben. Es ist natürlich auch die voltametrische Wage, wie ebenfalls bei der Gewichtsversilberung beschrieben, anzuwenden, nur muß bei der Kupfer-Voltameterwage für je ein Gramm abzuscheidenden Goldes ein Gewicht von 0,486 g Gewicht, bei Zyankalibädern, und 0,729 g bei Ferrozyankalibädern aufgelegt werden. Diese Gewichtsvergoldungen werden fast immer in sogenannter Farbvergoldung ausgeführt, und zwar sollen sie meist in einem bestimmten Feingehalt ausfallen. Man wünscht z. B., daß die Goldauflage 14 Karat oder 18 Karat, d. h. 585 oder 750 Tausendteile Gold halten möge, wie dies bei entsprechenden geschmolzenen Legierungen der Fall ist. Es werden für diesen Zweck Bäder zusammengestellt, welche die

Komponenten solcher Legierungen im gleichen Verhältnis enthalten, z. B. für 18 Karat in 1 Liter Badflüssigkeit 0,750 g Gold, 0,150 g Kupfer und 0,100 g Silber. Es ist aber eine große Täuschung, wenn man vermeint, daß mit diesem Bade der gewünschte Niederschlag von 18 Karat erzielt würde. Die Metalle fallen durchaus nicht durch den Strom in dem Verhältnis aus, wie sie im Elektrolyt enthalten sind. Es gilt dies auch für andere Zusammensetzungen der Bäder, z. B. wenn man nach 16 oder 14 Karat Bäder herstellen wollte, und beabsichtigte, Niederschläge in eben diesen Karatierungen herzustellen. In den meisten Fällen dürften bei derartigen Versuchen anfänglich viel zu reiche Niederschläge erfolgen, und zwar solche, welche etwa 800 oder noch mehr Tausendteile Gold enthalten. Auch wenn man zur Herstellung des Elektrolyten sich löslicher Anoden mit bestimmter Zusammensetzung bedienen wollte und mit ebensolchen Anoden weiter arbeiten würde, erhielte man doch nicht den gewöhnlichen Niederschlag einer bestimmten Karatierung. Um dies dennoch zu erreichen, sind für die Praxis eine Reihe Bedingungen einzuhalten, welche wohl durchzuführen in den meisten Fällen äußerst schwierig wäre. Es müßte zunächst ein Elektrolyt einer bestimmt festgelegten Zusammensetzung hergestellt und ununterbrochen in dieser Zusammensetzung zwischen den Elektroden erneuert werden. Die Temperatur des Bades müßte eine absolut gleichmäßige sein und die Spannung des Stromes, welche genau der Zusammensetzung des Bades angepaßt sein müßte, dürfte nicht den geringsten Schwankungen unterworfen sein. Jede kleinste Abweichung dieser Bedingungen verursacht eine Änderung des Niederschlages und somit ein Mißlingen der ganzen Arbeit.

Hartgoldniederschlag. Vielfach wird Wert darauf gelegt, daß der elektrolytische Goldniederschlag möglichst hart sein soll, damit er nicht so leicht der Abnützung unterworfen werden kann. Zu diesem Zweck setzt man den cyankalischen Goldbädern etwas Nickel hinzu in Form von käuflichem Cyannickel. Von diesem Salz darf jedoch nur eine geringe Menge, etwa pro Liter Bad höchstens 0,06—0,08 g, zugesetzt werden, um nicht mißfarbene Niederschläge zu erhalten. Auch kann man einen harten Feingoldniederschlag erhalten, allerdings nur in sehr dünner Schicht, wenn man die fertig vergoldeten Waren einige Sekunden in ein saures Goldbad hängt. Dieses Bad enthält zirka 8 g Feingold = 16 g Goldchlorid in 1 Liter Wasser sowie 5 ccm chemisch reine Salzsäure. Das Bad arbeitet bei 60 ° C.

Goldfärben mittels Glühwachs. Um den Feingoldniederschlägen einen andern Farbton zu geben, wurde früher ein Verfahren des nachherigen Färbens mittels sogenannten Glühwachses angewendet, welches vereinzelt noch jetzt in Gebrauch ist. Hierzu wird ein Gemisch von Wachs und verschiedenen Salzen zunächst zurecht gemacht. In einer eisernen Schale schmilzt man das Wachs und gibt unter gutem Umrühren die andern Bestandteile hinzu, und zwar je nachdem man einen röteren oder helleren Farbton erzielen will, mehr oder weniger Kupfersalze bzw. weniger oder mehr Zinksalze. Im allgemeinen nimmt man folgende Gewichtsverhältnisse an: auf 32 g Wachs 32—12 g Grünspan (essigsaures Kupfer), 11—24 g Zinkvitriol, 10—6 g Kupferasche (Kupferoxydul), 15 g feinst pulverisierten Blutstein (Eisenoxyd) und 3 g Borax. Nachdem die feinst verriebenen Salze gut gemischt in das Wachs eingetragen wurden, läßt man erkalten, und, solange dann noch die Masse halbweich ist, formt man daraus Stängelchen etwa in Fingerform. Die zu färbenden Gegenstände werden erwärmt, mit dem Glühwachs angestrichen und über einem Holzkohlenfeuer stark erhitzt, so daß das Wachs wegbrennt. Darauf wird in nicht zu kaltem Wasser abgelöscht und nun mit verdünnter Essigsäure gekratzt. Tritt nach völligem Trocknen der Farbton noch nicht in gewünschter Weise hervor, muß die Arbeit wiederholt werden. Es sei darauf aufmerksam gemacht, daß zur Ausführung dieser Färbung der Goldniederschlag ein möglichst starker sein muß.

Die Entfernung mißlungener oder alter Vergoldung von Waren geschieht entweder auf elektrolytischem oder chemischem Wege. Ersterer ist der angenehmere und wird in einem Bade ausgeführt, welches in 1 Liter Wasser zirka 40—50 g Zyankali enthält. Die Ware wird als Anode eingehängt bei 6—8 Volt Spannung; als Kathode dient Gold- oder Eisenblech. Hier wird aber nicht alles an der Ware vorhanden gewesene und auch völlig abgelöste Gold abgeschieden, sondern der Elektrolyt hält einen beträchtlichen Teil davon und wird nach längerem Gebrauch aufgearbeitet. Auf chemischem Wege wird das Gold abgelöst durch Eintauchen der Ware in ein erwärmtes Gemisch von 1000 g konzentrierter Schwefelsäure und 250 g Salzsäure, dem man nach Bedarf ganz wenig Salpetersäure zusetzt. Es wird also hier in kleinen Mengen Königswasser hergestellt und zwar möglichst gerade so viel, daß das Gold aufgelöst wird. Ein Überschuß von Salpetersäure würde bewirken, daß die Unterlage angegriffen, bzw. aufgelöst würde. Bei vergoldeten Silbergegenständen wird mehrfach ein Verfahren empfohlen, derart, daß diese Sachen geglüht und in kalter verdünnter Schwefelsäure abgeschreckt werden, wobei das Gold abspringen soll. Dies Verfahren läßt sich nur bei äußerst stark vergoldeten Sachen anwenden, während es bei minder stark vergoldeten vollständig versagt, da diese schwache Goldauflage beim Glühen in das Silber hineindiffundiert und derart also nicht zurückgewonnen werden kann.

Entgoldung echter Goldwaren. Eine besondere Art der Entgoldung wird bei massiven Goldwaren, besonders viel bei Ketten angewendet. Der Zweck ist in diesem Falle, daß man an der gesamten Oberfläche dieser Waren, auch wo man nur schwach oder gar nicht mit Bürsten hinkommt, dadurch eine absolut saubere Metallschicht zu erzielen sucht, indem man die alleroberste äußerst geringe Schicht mit den daran haftenden Unreinheiten ablöst. Diese Entgoldung wird in einem Bad vorgenommen, welches 50—80 g Zyankali in 1 Liter Wasser enthält, auf 70—80° C erwärmt wird und mit 10—15 Volt Spannung arbeitet. Die Waren werden natürlich an die Anodenleitung eingehängt und etwa 4 Sekunden im Bade belassen. Als Kathoden werden Feingold- oder Eisenbleche benützt. Ein Teil des weggelösten Goldes wandert an die Kathode, aber ein großer Teil bleibt im Elektrolyten gelöst, und wird daraus wiedergewonnen.

Sowohl die Wiedergewinnung des Goldes aus diesen Badflüssigkeiten wie auch aus mehr oder weniger ausgebrauchten Vergoldungen kann auf die verschiedenste Weise vorgenommen werden. Sind die Lösungen ziemlich reich an Gold und sind es nicht zu große Flüssigkeitsmengen, so empfiehlt es sich oft, die Lösungen einzudampfen und den Rückstand zu verschmelzen. Auf 1 kg desselben gibt man 400—800 g eines Schmelzpulvers hinzu, welches aus einem Gemisch von 300 Teilen kalzinierter Soda, 500 Teilen Glaspulver und 200 Teilen Borax besteht. Geschmolzen wird in einem hessischen Sandtiegel. Hat man größere Flüssigkeitsmengen, so wird man das darin enthaltene Gold durch Zugabe von metallischem Zinkpulver ausfällen, wobei ein recht oftmaliges Aufrühren des sich immer wieder absetzenden Metallpulvers notwendig ist. Je nach dem öfteren oder weniger often Umrühren ist die Ausfällung der Edelmetalle erfolgt. Hat man eine mechanische Rührvorrichtung zur Verfügung, die durch eine maschinelle Kraft ununterbrochen in Tätigkeit gehalten wird, so ist nach 2 tägigem Rühren der Prozeß beendet, wird aber sehr wenig gerührt, so dauert es oftmals ein paar Wochen, bis ein befriedigendes Ausfällen des Goldes erreicht ist. Mehr zu empfehlen ist die Anwendung von Aluminiumpulver unter Zugabe von etwas Ätznatronlauge = Seifensteinlösung. Letztere wirkt auf Aluminiumpulver unter Bildung eines Natriumaluminats und Entwicklung von Wasserstoffgas ein. Es steigen ununterbrochen von letzterem feine Bläschen in der Flüssigkeit in die Höhe, wodurch ein selbsttätiges Mischen und gelindes Rühren hervorgerufen wird, aber vor allem wirkt der Wasserstoff reduzierend auf die gelösten Goldsalze ein und befördert somit ein leichtes Ausfällen der Edelmetalle. Die durch Metallpulver ausgefällten Metalle werden absitzen gelassen, die darüber stehende Flüssigkeit wird abgegossen oder abgehebert, der Satz dann einige Male mit Wasser dekantiert, mit etwas Salzsäure übergossen, wieder mehrere Male mit Wasser dekantiert, dann auf ein Filter gebracht und getrocknet. Nun wird er unter Beimischung von einem Gemisch aus gleichen Teilen Salpeter, Soda, Borax und Glaspulver verschmolzen, wonach man gutes Edelmetall mit geringen anderen Beimengungen erhält. Unbedingt abzuraten ist die Aufarbeitung zyankalihaltiger Vergoldungswässer oder dergleichen durch Hinzugabe von Säuren und darauf folgender weiterer Behandlung mit Metallpulvern. Es entwickeln sich bei diesen Verfahren die äußerst giftigen Cyanwasserstoffgase, welche nur in einem Atemzuge eingeatmet, die allerschwersten Vergiftungen eventuell mit sofortiger Todesfolge hervorrufen können. Es ist das Verfahren auch zu verwerfen, wenn der Prozeß in freier Luft oder unter einem best funktionierenden Abzug vorgenommen werden sollte.

e) Vernicklung.

Zur Herstellung von Nickelniederschlägen sind eine ungeheuer große Menge von Vorschlägen für entsprechende Nickelbäder veröffentlicht, und es begegnen einem auch weiter noch neue Vorschriften, die aber fast stets nur kleine, meist absolut unwesentliche Abweichungen älterer, guter Vorschriften sind. Es werden hier nur zwei bis drei Badzusammensetzungen angeführt werden, welche sich durchaus bewährt haben und den Vorkommnissen der Praxis genügen. Hervorgehoben soll aber gleich werden, daß die zur Herstellung des Bades verwendeten Reagenzien und Metallsalze absolut rein sein müssen, ebenso ist dies bei den Anoden erforderlich, wenngleich man bei diesen häufig doch gezwungen ist, hin und wieder kleine Konzessionen an ein nicht absolut einwandfreies Material zu machen aus dem Grunde, weil es vielfach aus pekuniären Gründen nicht möglich ist, sich die allerreinsten Nickelanoden in größeren Mengen zu verschaffen. Vor allem dürfen durch die Anoden (natürlich auch sonst nicht) Zink und Kupfer in die Nickelbäder kommen, denn sonst ist es ausgeschlossen, einen hellen weißen Niederschlag zu erhalten, vielmehr würde dieser sofort dunkel bis sogar ganz schwarz ausfallen. Das Nickelbad ist folgendermaßen zusammengesetzt:

In 1 Liter Wasser sind gelöst 75 g Nickelammonsulfat (mit 14,94 vH met. Nickel),
10 g Ammonsulfat,
2 g Borsäure oder Zitronensäure oder Essigsäure;

oder in 1 Liter Wasser sind gelöst 50 g Nickelsulfat (mit 22,01 vH met. Nickel),
25 g Salmiak (Chlorammonium),
2 g Borsäure oder Zitronensäure oder Essigsäure.

Die Temperatur des Nickelbades darf unter keinen Umständen unter 18° C aufweisen, somit ist im Winter streng darauf zu achten, daß der Vernicklungsraum immer gut geheizt wird. Höhere Temperatur ist für den Vernicklungsprozeß förderlich und bei Starkvernicklung soll das Bad möglichst 50—70° C haben, um den Prozeß in nicht zu langer Zeit durchzuführen. Als Anoden werden zur Hälfte gegossene und zur Hälfte gewalzte Nickelbleche genommen, und zwar soll die Anodenfläche mindestens so groß sein, wie die Warenfläche. Die Anoden müssen vor dem Einhängen stets gesäubert und entfettet werden. Aufgehängt an die Zuleitungsstäbe sollen die Anoden möglichst stets mit Nickelblechstreifen werden, keinesfalls mit Kupfer- oder Messingdrähten oder Blechstreifen, denn es ist ja leicht möglich, daß von diesen etwas in die Badflüssigkeit kommen könnte und somit das ganze Bad verunreinigen und absolut unbrauchbar machen würden. Die Ware dagegen, welche ja selbst aus Kupfer, Messing, Eisen usw. besteht, darf wohl an Kupfer- oder Messingdrähten usw. aufgehängt werden, jedoch muß unbedingt darauf geachtet werden, daß die Ware stets mit eingeschaltetem Strom eingehängt wird. Ist die Ware vor dem Vernickeln etwa erst verkupfert oder vermessingt worden, so ist die größte Sorgfalt darauf zu verwenden, daß etwa an der Ware anhaftende Teilchen der Verkupferungs- oder Vermessingungsflüssigkeit durch kräftiges Abspülen absolut entfernt werden, um nicht das Vernicklungsbad unbrauchbar zu machen. Wie bei allen anderen Plattierungen, ist es natürlich auch hier äußerst notwendig, daß die Ware vor dem Einhängen aufs allerpeinlichste gesäubert, d. h. entfettet und dekapiert wurde. Vielfach empfiehlt es sich, die zu verplattierenden Gegenstände nach der sorgfältigen Reinigung erst noch schnell durch eine starke zyankalische Lösung (etwa 150 g Zyankali in 1 Liter Wasser) zu ziehen, um eventuelle Anlaufstellen zu entfernen. Natürlich muß hierauf in reinem, mehrmals gewechseltem Wasser schnell aber recht gut abgespült werden. Wenngleich die Oberfläche nun tadellos gereinigt sein mag, kommt es doch zuweilen vor, daß sich kleine Luftbläschen beim Eintauchen in das Bad an dem Gegenstande festsetzen und so zu Fehlern Veranlassung geben. Um dem vorzubeugen, taucht man auch mitunter die Ware noch schnell in Brennspiritus und schwenkt darin etwas hin und her. Hierdurch wird ein vollständiges Benetzen der Ware durch die Badflüssigkeit leichter erreicht und derart ein Fehler vermieden. Einen gleichen Zweck, nämlich anhaftende Gasblasen zu entfernen, erreicht man meist auch einfach dadurch, daß man nach kurzer Zeit des Einhängens die Ware kurz hintereinander einige Male am Aufhängedraht schüttelt.

Die Badspannung soll bei Vernicklungen ziemlich genau 3 Volt betragen. Es findet dann eine mäßige Gasentwicklung statt. Sollte diese zu stark werden, was meist schon ein Steigen der Spannung anzeigt, so muß an dem eingeschalteten Regulator der Strom richtig eingestellt werden. Bei einer zu schwachen Spannung geht der Prozeß zu träge vor sich, wenn er nicht gar ganz zum Stillstand kommt. Es muß also ständig das Voltmeter beobachtet und danach der Strom richtig gestellt werden. Selbstverständlich spielen aber kleine Spannungsdifferenzen von 1–2 Zehntel Volt keineRolle.

Weiter ist es notwendig, stets den Säuregehalt zu prüfen. Wenn man früher der Meinung war, das Nickelbad müßte stets absolut neutral gehalten werden, so hat man doch seit geraumer Zeit festgestellt, daß ein schwach saures Nickelbad am vorteilhaftesten arbeitet. So gibt man, wie aus den vorgeschriebenen Rezepten ersichtlich, etwas Borsäure oder andere, organische Säuren in das Bad. Die neutralen Bäder geben nur mattgraue nicht zu helle Niederschläge, während die sauren Bäder einen schönen grauweißen Niederschlag erzeugen. Alkalische Bäder geben einen sehr unschönen grauen Niederschlag. Man muß deshalb den Elektrolyt in nicht zu kurzen Zeitabschnitten immer wieder prüfen, wie seine Azidität sich verhält. Zu diesem Zweck hat man einen Vorrat von blauem Lackmuspapier, wovon man zeitweilig nach Umrühren des Bades einen kleinen Streifen in dasselbe taucht. Wird das Lackmuspapier nicht verändert oder nimmt sogar die blaue Färbung noch an Intensität zu, so ist im Bade keine freie Säure mehr vorhanden, vielmehr dürfte es schon alkalisch geworden sein. Man gibt in solchem Falle nun in warmem Wasser aufgelöste Borsäure, Zitronensäure oder Essigsäure so lange zum Bade hinzu, bis nach dem guten Umrühren sich eine schwache Rotfärbung des von neuem eingetauchten blauen Lackmuspapiers zeigt. Ein zu großer Säureüberschuß ist zu vermeiden, wenngleich ein solcher von Borsäure am unschädlichsten ist, aber auch dieser kann, wie dies bei den anderen Säuren zu leicht der Fall ist, ein Abblättern des sonst schön sich bildenden Niederschlages hervorrufen. Die Anwendung von Mineralsäuren zum Ansäuern des Nickelbades, wie z. B. von Salzsäure und Schwefelsäure, ist möglichst nie vorzunehmen, und nur im allerdringendsten Notfalle etwa die letztere, aber auch nur, wenn es sich nicht um Eisenplattierung handelt. Letzteres würde sonst in kurzer Zeit nach dem Vernickeln Rostflecke aufweisen. Salpetersäure ist auf alle Fälle ganz unbedingt auszuschließen.

Das Alkalischwerden des Nickelbades ist vielfach auch schon daran zu erkennen, daß sich im Bade ein grünlicher Schlamm abzuscheiden beginnt.

Sollte beim Prüfen des Bades mit blauem Lackmuspapier dieses stark rot gefärbt werden, so ist dies ein Zeichen, daß das Bad zu stark sauer geworden ist. Es ist bei Weiterbenützung desselben zu befürchten, daß der Niederschlag abblättert und die ganze Arbeit vergebens war. Das zu starke Sauerwerden des Bades tritt leicht ein, wenn zu wenig Anodenfläche vorhanden ist oder in der Hauptsache hartgewalzte, womöglich nicht gut ausgeglühte Nickelbleche verwendet wurden; ebenfalls tritt es auch bei Anwendung zu hoher Spannung ein. Es finden dann die durch den elektrischen Strom abgeschiedenen Säureionen entweder ein zu geringes oder zu schwer angreifbares Betätigungsfeld, wodurch der Elektrolyt seine ursprüngliche Zusammensetzung verliert und zu säurereich wird. Da die hier abgeschiedenen Säureionen ein Schwefelsäurerest sind, somit mit dem Wasser freie Schwefelsäure bilden, so würden wir diese für das Nickelbad unerwünschte freie Säure im Elektrolyt haben. Die Feststellung dieses Vorganges nimmt man mit Kongopapier vor, welches bei Anwesenheit freier Schwefelsäure blau gefärbt wird. Tritt dieser Fall ein, so wird am besten das Bad erst vollständig neutralisiert, d. h. die freie Schwefelsäure gebunden, sie wird durch Zugabe einer Base in das entsprechende Salz verwandelt. Man setzt dem Bade deswegen solange in kleinen Portionen Salmiakgeist hinzu, bis nach gutem Umrühren blaues Lackmuspapier nicht mehr rot gefärbt wird. Zur Abstumpfung der Säure kann man auch frisch gefälltes Nickeloxydulhydrat oder Nickelkarbonat verwenden. Davon gibt man soviel zu, als sich gerade noch auflöst. Hat man nun auf die eine oder andere Weise eine neutrale Lösung erhalten, so wird man mittels wenig Borsäure, Zitronensäure oder Essigsäure wieder das Bad etwas sauer machen.

Für ständige Vernicklung von Zink bzw. Zinkgußwaren wendet man gern ein speziell hierfür bestimmtes Bad an mit der Zusammensetzung:

40 g Chlornickel (mit 24,79 metall. Nickel),
40 g Chlorammonium,
2 g Borsäure oder dergl.
gelöst in 1 Liter Wasser.

Bei dieser Zinkvernicklung muß ganz besonders streng darauf geachtet werden, daß nur bei eingeschaltetem Strome eingehängt wird. Da Zink ein besonders stark positives elektrisches Potential besitzt, ist es zu empfehlen, die ersten paar Minuten nach dem Einhängen der Ware mit starkem Strom etwa 5 Volt zu arbeiten, damit sich zunächst einmal die Zinkoberfläche mit einer, wenn auch äußerst dünnen Nickelschicht bedeckt. Ist dies aber erfolgt, so muß der Strom auf seine normale Stärke von 3 Volt eingestellt werden. Wenngleich eine direkte Vernicklung von Zink bei einiger Übung und Aufmerksamkeit gut gelingt, so findet doch das vorherige Verkupfern von Zink vor dem Vernickeln äußerst viel Anwendung. Auch ist das Verkupfern von Waren aus Weichmetallen, wie Zinn und Britanniametall, sowie Waren, an denen Lotstellen vorhanden sind, vor dem Vernickeln sehr zu empfehlen, obgleich auch hier bei gutem Geschick ein direktes Vernickeln ausführbar ist. An Stelle des Verkupferns kann natürlich auch das Vermessingen vorgenommen werden, zumal letzteres bei einer nur schwachen Nickelauflage nicht so leicht als dunkle Farbe durchschlägt.

Wenn bei den allermeisten Plattierungsbädern immer gegossene Anoden anempfohlen werden, so ist, wie schon oben erwähnt, die alleinige Anwendung solcher bei den Nickelbädern durchaus nicht immer richtig. Die gegossenen Nickelanoden werden verhältnismäßig sehr gut von den Säureionen aufgelöst und es geschieht daher leicht, daß die freie Säure des Bades aufgezehrt, mithin das Bad alkalisch wird, und nicht mehr sehr vorteilhaft arbeitet. Aus diesem Grunde wendet man bei Nickelbädern ausnahmsweise auch gewalzte, also härtere Anoden an, allerdings nur in Verbindung mit den gegossenen Anoden. Bei Schnellvernicklung werden im Gegensatz hierzu dann allerdings nur gegossene Anoden angewendet, wovon nachher noch gesprochen wird. Die Anoden werden etwa in 8—10 cm Entfernung von der Ware aufgehängt und zwar zu beiden Seiten derselben. Ist die Ware stark profiliert, so wird man diese Entfernung, je nach Art der Profilierung, ob tiefer oder weniger tief, vergrößern, um den mittleren Unterschied der Entfernungen aller Warenteile bis zu den Anoden nicht zu groß zu gestalten. Da nun der Strom eine größere Flüssigkeitssäule zu durchdringen hat und diese jenem einen etwas größeren Widerstand entgegensetzt, so muß man auch dementsprechend die Spannung mit Hilfe des Regulators etwas erhöhen. Sind hohle Gegenstände zu vernickeln, so wird man in die Höhlung ein entsprechend geformtes Nickelstück als Anode hineinragen lassen, um so auch dem inneren Teil eine gute Stromzuführung zuteil werden zu lassen. Meist wird zu diesem Zweck ein rechtwinklig gebogenes Stück nicht zu breites aber doch starkes Nickelblech den Zweck erfüllen, wobei der eine Schenkel mit der Zuleitung des Stromes verbunden ist, während der andere Schenkel in die Höhlung hineinragt. Es muß natürlich Obacht gegeben werden, daß dieser letztere Schenkel nicht etwa in Berührung mit der Ware kommt.

Um in den Nickelbädern dem Strom die Möglichkeit einer besseren Streuung zu geben, d. h. das Bad besser leitend zu machen, um gerade bei profilierten oder hohlen Gegenständen allen Teilen derselben den Strom leichter zugänglich zu machen, gibt man in das Bad pro Liter etwa 3—5 g äthylschwefelsaures Kalium oder auch äthylschwefelsaure Magnesia. Weniger zu empfehlen ist die Anwendung von reiner Äthylschwefelsäure, weil durch diese das Bad leicht mineralsauer wird und damit zu Störungen Veranlassung gegeben ist.

Das Aussehen der Anoden soll auch bei normalen längeren Arbeiten ein immer gleiches sein. Zeigt sich etwa an denselben ein grünlicher Schlamm, so ist das Bad alkalisch geworden. Setzen sich aber Kristalle daran ab, so dürfte meist die Temperatur des Bades zu niedrig geworden sein, oder das Bad ist zu metallreich geworden. Letzterres kann vorkommen, wenn das in den nie zu kühl zu haltenden Räumen der Vernicklungsanstalt das in den Bädern verdunstete Wasser immer durch neue Nickelelektrolytflüssigkeit ersetzt und somit dem Bade stets nur Metallösung einverleibt wurde. Richtig ist in solchem Falle, das verdunstete Wasser immer nur durch reines destilliertes oder sauberes Regenwasser zu ersetzen. Die an den Anoden etwa befindlichen Kristalle lassen sich gut durch warmes Wasser abwaschen.

Es sei darauf aufmerksam gemacht, daß die Verwendung unlöslicher Anoden bei Nickelbädern absolut falsch ist. Bei solchen würde die Flüssigkeit in kürzester Zeit stark sauer werden und der entstehende, allerdings schön weiß ausfallende Niederschlag, unweigerlich abblättern. Auch würde der Elektrolyt in absehbarer Zeit metallarm werden und das ganze Bad müßte erneuert werden.

Bei guter Behandlung des Bades und genauer Beobachtung der Vorkommnisse, bzw. deren richtiger Korrektur, wenn solche nötig werden sollte, kann ein Nickelbad viele Monate, ja sogar ein paar Jahre ununterbrochen arbeiten. Dem steht allerdings entgegen, daß man nicht immer absolut reine Nickelanoden zur Verwendung erhält, denn oftmals zeigt sich nach geraumer Zeit auf der Anode ein rötlicher Schimmer, welcher von im Nickel enthaltenem Kupfer herrührt, und es ist ersichtlich, daß dadurch auch etwas Kupfer in den Elektrolyt übergeht. Sollte letzteres der Fall sein, macht sich dies durch einen streifig schwärzlichen Niederschlag kenntlich. Ist eine größere Menge Kupfer anwesend, so ist das Bad unbrauchbar und muß abgesetzt werden. Ist aber das Bad durch wenig Kupfer verunreinigt, so kann es vielfach wieder gut gemacht werden, wenn man sehr reine Nickelanoden und als Kathoden Eisenblech einhängt, dann einen Strom von nicht über 1 Volt Spannung durch das Bad schickt und beobachtet, bis der Niederschlag wieder absolut schön weiß erscheint. Man darf aber bei dieser Arbeit nicht die Geduld verlieren, denn meist tritt erst nach vielen Stunden ein guter Erfolg ein, d. h. das Kupfer ist aus dem Bad entfernt. Nun ist das Bad wieder für gute Vernicklung verwendbar. Sollte das Bad aber durch Zink verunreinigt worden sein, so ist es absolut unbrauchbar geworden; es läßt sich nicht reinigen und muß vollständig erneuert werden.

Die Vernicklungsdauer ist nun eine äußerst verschiedene, je nachdem eine schwache, eine stärkere oder eine sehr starke Auflage erzielt werden soll. Handelt es sich um Massenartikel oder solche Gegenstände, welche nur einen Überzug einer äußerst dünnen Schicht Nickel erhalten sollen, derart, daß gerade die Oberfläche nicht mehr das Grundmetall erkennen läßt, so genügen schon wenige Minuten Einhängedauer zur Erreichung des beabsichtigten Zweckes. Ist aber eine solide Vernicklung erwünscht, so wird sich die Einhängedauer auf mindestens eine halbe Stunde erstrecken müssen, während bei Starkvernicklung die Gegenstände mehrere Stunden im Bade belassen werden. Bei eingeschaltetem Amperemeter und unter Beobachtung der Einhängedauer kann man dann auch berechnen, wieviel Nickel in Gramm im ganzen niedergeschlagen wurden. Da 1 Ampere in einer Stunde 1,094 g Nickel niederschlägt, würden z. B. in einem großen Bade bei 4 Ampere Stromstärke und 5 Stunden ununterbrochener Einhängedauer $4 \cdot 5 \cdot 1{,}094$ g $= 21{,}88$ g Nickel sich auf der Ware niedergeschlagen haben. Auf diese Weise kann dann auch eine Gewichtsvernicklung vorgenommen werden; d. h. will man auf einer bestimmten Menge Ware eine bestimmte Anzahl Gramm Nickel niederschlagen, so kann man mit Hilfe des eingeschalteten Amperemeters ungefähr die Zeit feststellen, bis diese Menge Nickel niedergeschlagen wird. Beobachten wir bei der normalen Spannung von 3 Volt, daß das Amperemeter 2,5 Ampere nach Einhängung der zu plattierenden Ware anzeigt, und wünschen wir auf letztere insgesamt 10 g Nickel niederzuschlagen, so wissen wir, daß diese 2,5 Ampere in einer Stunde $2{,}5 \cdot 1{,}094$ g $= 2{,}735$ g Nickel niederschlagen und somit 10 g Nickel in $10 : 2{,}735 = 3{,}63$ Stunden oder rund in 3 Stunden 40 Minuten niedergeschlagen werden. Um genauere Gewichtsvernicklungen ausführen zu können, bedient man sich vereinzelt auch der voltametrischen Wage, wie sie bei Gewichtsversilberung beschrieben wurde. Benutzt man hierbei ein Kupfervoltameter, so muß man für je 1 g auszufällenden Nickels je 1,08 g auf die Kupfervoltameterwage auflegen.

Sollte nach einer Einhängedauer von 5—10 Minuten die Ware noch nicht allseitig vernickelt sein, so liegt irgendwo ein Fehler vor. Zunächst muß nachgesehen werden, ob durch das Bad auch der Strom richtig hindurchgeht. Dies zeigt sich meist schon daran, ob die normale Gasentwicklung stattfindet und auch das Voltmeter normalen Strom anzeigt. Ist hier alles in Ordnung und ist der Elektrolyt auch in seiner Zusammensetzung richtig hergestellt, so dürfte ein Mißerfolg lediglich in der nicht genügenden Reinigung der Objekte zu suchen sein. Erfolgt zwar nach kurzer Einhängedauer ein genügender Niederschlag, wird aber derselbe gleich matt, so liegt dies meist an zu starkem Strom. Läßt man denselben länger auf die Ware einwirken, so wird besonders an hervorstehenden Teilen oder scharfen Rändern der Niederschlag schwarz; man spricht dann von Anbrennen oder Übervernickeln. Der Niederschlag blättert dann leicht ab und bei glatten Flächen erhält man ein sich ablösendes dünnes Nickelblättchen. Hat man überhaupt scharfkantige Gegenstände zu vernickeln, wie Schreibmaschinenteile, Messer, Pinzetten und sonstige chirurgische Instrumente, so kann auch bei normalem Strom ein Anbrennen der scharfen Kanten vorkommen, wenn beim Einhängen der Waren diese Kanten direkt gegen die Anoden gerichtet sind. Natürlich wird die Hauptmenge des elektrischen Stromes von diesen Kanten aus seinen Weg zur Anode nehmen und so an einer verhältnismäßig geringen Fläche die größten Mengen Metall zur Abscheidung bringen, welche dann obige Erscheinung zeitigt. Richtig wird man derartige Gegenstände zwischen den Anoden so aufhängen, daß die scharfen Kanten möglichst kurz unter der Oberfläche des Elektrolyten sich befinden und die flachen Teile der Gegenstände soweit wie möglich parallel mit den Anoden laufen. Auch muß, wenn sich diese Maßnahmen nicht vollständig durchführen lassen, mit einer verminderten Stromstärke gearbeitet werden, und es sollen die Waren im Bade verschiedene Male umgehängt werden; ebenso ist ein öfteres vorsichtiges Umrühren des Bades zu empfehlen. Letztere beiden Maßnahmen, nämlich das Umhängen der Waren und das Rühren der Bäder, sind auch dann sehr angebracht, wenn Waren für Starkvernicklung recht lange im Bade gelassen werden sollen. Diese lange Vernicklungsdauer sucht man allerdings durch andere Arbeitsweisen wieder erheblich abzukürzen, wodurch man dann nicht nur Zeit, sondern auch Bäderraum spart. Es geschieht dies durch die Schnellvernicklung. Hierzu bedarf es jedoch einer besonderen Einrichtung zur Erwärmung des Elektrolyten, bzw. des Bades. Entweder erreicht man dies durch auf dem Boden des Bades hin- und hergeführte Bleiröhren, durch welche man heißen Dampf leitet, oder durch direktes Erwärmen des ganzen Bades mittels einer kleinen Feuerung. Die Bäder dürfen dann natürlich nicht aus Steinzeug wegen des zu leichten Springens beim Erwärmen sein, sondern sie müssen aus best emailliertem Eisen hergestellt werden. Bei einem solchen Schnellvernicklungsbad muß der Elektrolyt aber auch erheblich metallreicher sein. Deshalb nimmt man für ein solches Bad die doppelte bis dreifache Menge des Nickelsulfats, wie für ein gewöhnliches Bad, und damit das Bad in seiner Leitfähigkeit noch erhöht wird, setzt man ihm äthylschwefelsaures Kali oder äthylschwefelsaure Magnesia hinzu. Es muß aber auch hier immer darauf geachtet werden, daß das Bad stets etwas sauer ist, aber auch, daß die Säure nicht zu stark wird. Die Temperatur ist zwischen 50° und 70° zu halten. Die Spannung darf hier zwischen 4 und 5 Volt genommen werden, zumal ja auch die Stromstärke eine erheblich höhere sein muß. Als Anoden nimmt man hier nur äußerst reine gewalzte aber wieder weich geglühte Nickelbleche, und zwar soll die Oberfläche unbedingt mehr betragen als die Oberfläche der Ware ist. Gegossene Anoden wären natürlich hier auch mit zu verwenden, doch müssen solche immer sehr bald gegen neue ausgewechselt werden, weil sie nach nicht zu langer Einhängedauer mürbe werden und zu zerbröckeln drohen, wodurch das Bad verunreinigt wird und der Niederschlag nicht mehr seine glatte Oberfläche behält. Mit Hilfe dieses Schnellelektrolytbades kann man in einem Drittel der Zeit ebenso gut haftende und gut aussehende Niederschläge erzielen, wie in einem kalten Bade. Einen sehr großen Vorteil besitzen die Niederschläge aus diesen warmen Bädern noch, nämlich den, daß das hier abgeschiedene Nickel viel duktiler ist als das aus den kalten Bädern. Die hier vernickelten Gegenstände lassen sich somit nach dieser Arbeit viel leichter mechanisch noch weiter bearbeiten als das bei kaltvernickelten der Fall wäre. Dies rührt daher, daß bei der Kaltvernicklung ein wenn auch nur sehr geringer Teil des sich entwickelnden Wasserstoffs mit dem niedergeschlagenen Nickel gleichsam eine Legierung eingeht und so dieses etwas hart und spröde macht. Bei der Warmvernicklung besitzt der sich entwickelnde Wasserstoff natürlich auch die Temperatur der ihn umgebenden Badflüssigkeit, und durch diese erhöhte Temperatur besitzt er auch eine erhöhte Flüchtigkeit aus dem Elektrolyten heraus, d. h. letzterer ist nicht imstande, in diesem Fall die Gaspartikelchen so leicht in sich festzuhalten. Danach fällt das abgeschiedene Nickel reiner aus und hat die angegebene gute Eigenschaft besserer Duktilität.

Es erübrigt sich wohl eigentlich, darauf hinzuweisen, daß das bei der Warmvernicklung in reichstem Maße verdunstende Wasser immer wieder durch warmes destilliertes Wasser ersetzt werden muß.

Da hier nun an der Kathodenseite eine äußerst starke Metallabscheidung stattfindet und demgegenüber an der Anodenseite eine dementsprechende Metallauflösung, so haben wir bald im Bad sehr verschiedene Konzentrationszonen von Metallösungen. Um nun aber einen gleichmäßigen Betrieb aufrecht erhalten zu können, ist es notwendig, daß diese verschiedenen Zonen in gleichmäßige umgewandelt werden. Daher muß eine Rührvorrichtung angebracht werden, welche die Flüssigkeit ununterbrochen bewegt. Wohl läßt sich dies auch von Hand machen, doch sind demgegenüber mechanische Vorrichtungen vorzuziehen.

In den Kaltvernicklungsbädern kann man die Anoden stets hängen lassen, während man in den warmen Bädern bei zeitweiliger Unterbrechung der Arbeit, wobei das Bad erkalten gelassen wird, die Anoden herausnimmt, da sich sonst viele Kristalle absetzen, die eine nachherige Reinigung erschweren würden. Ein Auflösen der Anoden im Elektrolyt, wenn kein Strom hindurchgeschickt wird, findet nicht statt. Wenn also nur eine, wenn auch größere Pause, in der Benutzung des Bades eintreten sollte, wie dies ja verschiedentlich vorkommt, das Warmbad aber geheizt bleibt, so können natürlich auch hier die Anoden ruhig im Bad hängen gelassen werden.

Der Nickelniederschlag soll sich wohl in fast allen Fällen als schöner glänzender Überzug präsentieren. Dementsprechend ist man bestrebt, schon im Bade den Gegenständen dies gewünschte Aussehen zu geben. In vielen Fällen ist dies auch durchführbar und zwar, wenn eine nicht zu starke Auflage hergestellt werden soll. Man muß dann der Ware vor dem Einhängen schon einen recht guten Glanz durch Polieren usw. geben; natürlich beim weiteren Reinigen von den Poliermitteln u. dgl. gut Obacht geben, daß die Glanzschicht tadellos erhalten bleibt. Dann kann man nach nicht zu langem Vernickeln auf eine derartig glatte Niederschlagsschicht rechnen, daß diese nur durch Nachputzen mit weichen Tüchern oder Leder den gewünschten Glanz haben wird. Wünscht man jedoch eine stärkere und solidere Vernicklung, so ist es nicht vorteilhaft, auf eine Hochglanz polierte Fläche den Niederschlag auszuführen, denn, wie ja leicht erklärlich, kann auf dieser spiegelnden Oberschicht der Ware der Niederschlag bei weitem nicht so gut haften, als auf einer etwas aufgerauhten Fläche. Einmal würde also der starke Niederschlag zum Abspringen geneigt sein, und dann ist bei einer längeren Einhängedauer der Niederschlag doch nicht mehr auf der glänzenden Unterlage so beschaffen, daß er durch ein kurzes Putzen das gewünschte Aussehen hätte. Man muß also doch noch hinterher zu weiteren Polierarbeiten usw. greifen. Der richtige Weg bei Starkvernicklungen ist somit der, daß die Gegenstände sonst sehr gut vorbereitet aber nicht Hochglanz poliert in das Bad kommen. Bei längerer Einhängedauer werden sie bläulich-grau mit nur mattem Glanz und müssen dann nachbearbeitet werden. Das erste, wenn die Ware mit genügender Auflage aus dem Bad genommen wird, ist, daß sie gut und reichlich mit kochend heißem Wasser abgespült und dann getrocknet werden muß. Bei einzelnen glatten Gegenständen kann das Trocknen mittels Tüchern geschehen. Massenartikel oder Objekte mit wenig zugänglicher Oberfläche, wie Ketten u. dgl. werden in warmes trockenes Sägemehl gelegt und darin herumbewegt. Wenn möglich, bringt man die Ware auch noch in einen Trockenschrank, in welchem eine Temperatur von 100—110° C vorhanden ist, um die allerletzte Spur Feuchtigkeit restlos zu entfernen. Ein geringes Anlaufen der Ware im Trockenschrank ist belanglos, da beim nachherigen Putzen doch ein schönes und befriedigendes Aussehen erreicht wird. Zunächst werden nach dem Trocknen die Waren mit der Zirkularbürste gekratzt, wobei sich auch zeigen muß, ob der Niederschlag gut haftet oder etwa Neigung hat abzublättern.

Bei Nickelniederschlägen darf das Kratzen nicht mit Messingbürsten vorgenommen werden, da sonst das weiße Nickel einen gelben Schimmer durch haftenbleibende kaum nachweisbare Spuren des Messings erhalten würde. Vielmehr müssen in diesem Fall Kratzbürsten aus Stahldrähten von 0,1—0,15 mm Stärke verwendet werden unter Mitbenutzung von Schlemmkreide. Weiter wird dann mit weichen Tüchern oder Rehleder geputzt und mit Wollscheiben auf Hochglanz poliert.

Sollte die Vernicklung mißlungen sein oder sollen schon früher vernickelt gewesene Gegenstände frisch vernickelt werden, so darf man trotz bester Desoxydierung und Entfettung nicht auf eine Vernicklung neu vernickeln. Wenn es angängig ist, soll die erste Vernicklung restlos abgeschliffen werden, um nun nach bester Reinigung die neue Vernicklung vorzunehmen. Bei vielen Gegenständen läßt sich jedoch das Abschleifen nicht völlig durchführen, da muß dann in diesem Fall erst eine Verkupferung oder Vermessingung vorgenommen werden.

In seltenen Fällen wird gewünscht werden, daß die Vernicklung nicht einen möglichst hellgrauen Ton, sondern einen dunkler gefärbten zeigen soll. Man erreicht dies nach obigen Ausführungen leicht, wenn man das Bad nicht sauer, sondern neutral oder noch besser etwas alkalisch macht. Man führt dies aus, indem man zum Bade unter stetem guten Umrühren so lange Ammoniak in kleinen Portionen hinzugibt, bis rotes Lackmuspapier gerade schwach blau gefärbt wird. Bei einer etwas längeren Benützung eines solchen Bades muß zeitweilig immer wieder mit rotem Lackmuspapier geprüft werden, ob der Elektrolyt noch alkalisch ist.

Wünscht man einen ganz dunklen oder fast schwarzen Niederschlag, bedient man sich auch eines Nickelbades, welches durch Zusatz von Zink- und Kupfersulfat zu diesem Zweck hergerichtet wird. Die Zusammensetzung des Bades ist folgende: Man löst

in 300 g Wasser 50 g Zinkvitriol = Zinksulfat
in 100 g Wasser 15 g Kupfervitriol,
in 50 g Wasser 15 g Ammonsulfat,
in 50 g Wasser 4 g Borsäure,

schüttet alle Lösungen zusammen und gibt dazu 500 ccm Nickelbad. Dann gibt man soviel Ammoniak hinzu, daß das Bad neutral oder eher etwas alkalisch wird. Die Temperatur des Bades ist normal, d. h. 18—20° C. Als Anoden dienen Platin- oder Kohlenanoden, und zwar braucht deren Fläche nur ein Drittel bis einhalb der Warenfläche betragen. Infolge der Unlöslichkeit der Anoden wird das Bad bald sauer werden, es muß daher ständig kontrolliert und mit Ammoniak korrigiert werden, um es immer schwach alkalisch zu halten. Vorteilhaft ist es allerdings, wenn man die freie Säure mit etwa zu gleichen Teilen Zinkkarbonat und Nickelkarbonat, dem man auch in geringeren Mengen Kupferkarbonat zugibt, abstumpft. Hierdurch wird das Bad annähernd auf seinen Metallbestand wieder gebracht, der ja sonst durch die Metallausscheidung stark verringert werden würde.

Die Spannung darf nicht eine zu hohe sein, man arbeitet nur mit etwa 1,5 Volt, muß aber darauf gut acht geben, daß diese Spannung gleichmäßig eingehalten wird. Durch den schwachen Strom bedingt, soll sich der Niederschlag etwas langsam bilden, um ein besseres Haften zu ermöglichen. Anfänglich fällt er etwas bräunlichgelb aus, wird aber dann bald dunkler und geht in blauschwarz über. Oft hat sich der gewünschte Ton schon nach einigen Minuten gebildet, und im allgemeinen soll die Einhängedauer nicht mehr wie 15 Minuten betragen. Am besten haftet dieser sogenannte Nigrosinniederschlag auf Silber und Zink, daher wird man gern Gegenstände aus Messing und Kupfer erst versilbern, wenn auch nur schwach, und Gegenstände aus Stahl und Eisen wird man verzinken. Kommen die Gegenstände aus dem Bade, so werden sie nach gutem Abspülen mit viel Wasser getrocknet und mit Tüchern oder der Schwabbel tüchtig abgerieben, wodurch eine schöne schwarze, glänzende Farbe erreicht wird. Mit Drahtbürsten darf man meist den Niederschlag nicht bearbeiten, da er hierdurch leicht abgekratzt werden würde. Hat man jedoch Gegenstände aus massivem Silber oder solche mit einer sehr starken Versilberung mit einem Nigrosinniederschlag versehen, um sogenanntes Altsilber herzustellen, so muß man mit einer schwachen Metallbürste oder rauhen Tüchern derart die Waren bearbeiten, daß an den erhabenen Stellen der weiße Untergrund mehr oder weniger wieder sichtbar wird, jedoch in den Tiefen das Schwarz stehen bleibt.

Ausgebrauchte Nickelbäder, das sind solche, welche durch genügend lange Betriebsnahme aus irgendwelchen Gründen nicht mehr genügend gut funktionieren und deren Regeneration sich nicht vorteilhaft durchführen läßt, und ferner solche Nickelbäder, welche durch Verunreinigung nicht weiter betrieben werden können, lassen sich mit Vorteil nicht auf Nickel verarbeiten. Wenngleich zwar der Anschaffungspreis der Nickelsalze immerhin ein nicht zu niedriger ist, so ist dennoch die Verarbeitung der aus den Nickelbädern leicht ausfällbaren Metalloxyde und die Reinscheidung der einzelnen Metalle im Verhältnis zu diesen Anschaffungspreisen ein zu großer, als daß sich eine Rentabilität des Verfahrens ergeben würde.

f) Verkobaltung.

Ein Brudermetall des Nickels ist das Kobalt. Beide Metalle haben äußerst viele gleiche Eigenschaften, aber das Kobalt ist doch noch seinem Brudermetall in einigen wenigen Eigenschaften überlegen. So ist für den Kenner die Intensität der weißen Farbe beim polierten Kobalt eine hellere wie beim Nickel, auch ist ersteres nicht unbedeutend härter als das letztere. Wohl dadurch auch bedingt ist die Angreifbarkeit des Kobalts durch die Atmosphärilien eine wesentlich schwächere als die des Nickels. Diese Vorzüge bringen es deshalb auch mit sich, daß in vereinzelten Fällen an Stelle der Vernicklung eine Verkobaltung ausgeführt wird. Hin und wieder wird allerdings auch gleichzeitig in ein und demselben Bade eine kombinierte Vernicklung-Verkobaltung ausgeführt. Für einige Sorten Schmuckgegenstände, wie dünne Halskettchen, Ringe, Armbanduhrenketten usw., die auf der bloßen Haut getragen werden und welche den Anschein von Platin vortäuschen sollen, eignet sich auch besonders der Kobaltüberzug, da dieser dem Platinton am nächsten kommt und durch die Ausdünstung der Haut nur sehr schwer angegriffen wird, vor allem viel schwerer als etwa ein Nickelüberzug.

Die Zusammenseztung des Kobaltbades ist:

60 g schwefelsaures Kobaltoxydul-Ammon. (mit 14,62 vH metallischem Kobalt),
30 g Borsäure,
gelöst in 1 Liter Wasser.

Es ist ersichtlich, daß das Kobaltbad mehr Säure enthält wie ein Nickelbad, sonst sind die Arbeiten fast die gleichen wie bei letzterem. Die Spannung beträgt etwa 2,8 Volt bei normaler Temperatur. Will man mit erhöhter Temperatur, etwa mit 50° arbeiten, so ist die Spannung eine niedere, aber man erhöht den Zusatz des Kobaltdoppelsalzes, wodurch dann auch die Stromstärke erhöht werden kann und auch die Spannung wieder auf 2,8 Volt steigt. Der große Vorteil bei dem warmen Bade besteht auch hier darin, daß sich in sehr kurzer Zeit ein genügend starker und sehr duktiler Niederschlag gebildet hat. Im allgemeinen führt man die Verkobaltung selten stark aus, sondern man begnügt sich mit verhältnismäßig schwachen Auflagen. Demgemäß beträgt die Plattierungsdauer in kalten Bädern selten länger wie etwa 10 Minuten und in warmen nur 2—4 Minuten. Als Anoden sollten nur Kobaltplatten verwendet werden, die annähernd drei Viertel bis ganz der Warenoberfläche gleichkommen. In größeren Kobaltbädern kann man aus Ersparnisrücksichten zur Hälfte auch Kohlenanoden verwenden, doch muß durch öfteres Prüfen mit Kongopapier nachgesehen werden, ob sich nicht freie Schwefelsäure gebildet hat, welche das Papier blau färben würde, und dann mit Salmiakgeist abgestumpft werden müßte. Bemerkt sei aber, daß diese Abstumpfung nicht so weit gehen darf, daß das Bad etwa neutral oder gar alkalisch würde, sonst müßte durch Zugabe von Borsäure das Bad wieder sauer gemacht werden. Am besten ist es allerdings, wenn entstandene freie Schwefelsäure durch kohlensaures Kobaltoxydul abgestumpft würde. Ferner wird aus Ersparnisrücksichten nicht selten gleichzeitig mit Kobalt auch Nickel niedergeschlagen. Man führt dies dann derart aus, daß man neben Kobaltanoden auch Nickelanoden einhängt. Würde man letztere im Verhältnis zu ersteren immer stärker vermehren, so würde der Elektrolyt nach und nach in ein Nickelbad umgewandelt werden. Man hüte sich also, die Ersparnis am allerdings ziemlich teueren Kobalt zu weit treiben zu wollen.

Das Kobaltbad verträgt ebenso wie das Nickelbad nicht die geringsten Verunreinigungen von Eisen, Zink und Kupfer. Es muß daher stets bestens Obacht darauf gegeben werden, daß immer bei eingeschaltetem Strom die Ware eingehängt wird. Durch andere Metalle verunreinigte Kobaltbäder lassen sich nicht mehr korrigieren.

Ist das Kobaltbad, besonders für etwas längere Zeit, außer Gebrauch gesetzt, so nimmt man die Kobaltanoden aus dem Bade, da sie sich doch im Elektrolyt etwas auflösen.

g) Platinniederschläge.

Trotzdem das Platin einen sehr hohen Preis hat, wird es doch wegen seiner vorzüglichen chemischen Eigenschaften benutzt, um Gegenstände aus anderen Metallen damit zu überziehen. So werden chirurgische Instrumente, einzelne Teile sehr empfindlicher Wagen, Schmuckstücke, wie Halskettchen usw., die direkt auf der Haut getragen werden, und einige andere verplatiniert. Sehr selten werden wohl größere Gegenstände mit einem Platinüberzug versehen werden, somit begnügt man sich meist mit der Herstellung von wenigen Litern Platinbad. Für 1 Liter desselben verwendet man 4 g käufliches Platinchlorid mit 45,66 vH metallischem Platin, gelöst in 100 g Wasser, 20 g phosphorsaures Ammoniak, gelöst in 200 g Wasser und 100 g phosphorsaures Natron, gelöst in 700 g Wasser. Die Lösungen werden zusammengeschüttet, wobei zunächst ein gelber Niederschlag entsteht, welcher sich aber bald wieder auflöst, besonders da die Flüssigkeit $^3/_4$—1 Stunde ununterbrochen in einem Porzellangefäß oder in einem gut emailliertem Topf gekocht wird. Nach dieser Zeit wird der anfänglich stärkere Geruch nach Ammoniak ziemlich, wenn auch nicht ganz, verschwunden sein. Das verkochende Wasser muß immer wieder durch warmes Wasser ersetzt werden, so daß zum Schluß wieder 1 Liter Bad vorhanden ist. Hat man mehr Platinchlorid gekauft, als man auf einmal verwenden will, so muß der Rest in einem Fläschchen mit gut eingeschliffenem Stopfen aufbewahrt werden. Abgewogen wird das Platinchlorid in einem vorher tarierten Uhrgläschen. Das fertige Bad wird in Kochhitze angewendet unter Benutzung von Platinanoden, die aber so gut wie gar nicht angegriffen werden, mithin auch nicht das ausgeschiedene Platin ersetzen können. Die Anodenfläche soll möglichst groß sein, mindestens wie die Warenfläche. Anoden und Waren sollen so nahe wie es nur angeht, gegenüber gehängt werden. Man arbeitet mit einer Spannung von 4,5—5 Volt. Bei dem Prozeß findet eine sehr starke Gasentwicklung statt. Silber, Kupfer, Messing sowie Tombak lassen sich gut direkt verplatinieren, während Stahl und Eisen und die Weichmetalle erst verkupfert werden müssen. Da die Anoden kein Metall abgeben, somit das Bad nach nicht zu langem Gebrauch an Metall verarmen würde, so setzt man nach nicht zu langer Zeit dem Elektrolyt wieder etwas Platin hinzu, und zwar in Form von Platinsalmiak . Diesen stellt man sich folgendermaßen her. Von noch vorrätigem Platinchlorid löst man in nicht zu viel Wasser auf und gibt hierzu solange tropfenweise konzentrierte Salmiaklösung unter Umrühren in der Kälte hinzu, wie noch ein gelber Niederschlag entsteht. Zum Schluß gibt man etwa 1—2 Tropfen Ammoniak hinzu und verdünnt noch mit etwas Wasser. Im Bedarfsfalle erwärmt man dann das Gefäß mit diesem Inhalt und rührt mit einem Glasstabe um. Der gelbe Niederschlag löst sich nun in der Wärme zum Teil oder ganz auf und man gießt hiervon einen Teil in das aufzufrischende Bad, welches dann wieder eine Zeitlang gut arbeiten wird. Der Rest der Platinsalmiaklösung setzt wieder beim Erkalten die gelben Kristalle ab, welche dann nachher, eventuell unter Zugabe von genügend Wasser, in der Wärme abermals gelöst und in das Bad gegeben werden können. Stärkere Niederschläge von Platin lassen sich nur erzielen, indem man die nicht zu lange im Bad zu belassenden Gegenstände gut abspült, ordentlich mit einer Zentralbürste kratzt, wieder einhängt und dies je nach gewünschter Auflagestärke einige Male wiederholt. An Stelle des Kratzens mit der Bürste kann auch ein sogenanntes Brünieren treten, das ist ein Bearbeiten, bzw. starkes Reiben mit einem Hochglanz polierten Stahlinstrument.

Auf glänzender Unterlage wird eine schwache Verplatinierung auch einen guten Glanz behalten, so daß nach Abspülen und Trocknen des Gegenstandes dieser nur mit einem weichen Leder unter Zuhilfenahme von etwas Wiener Kalk oder feinster Schlemmkreide geputzt, bzw. gerieben zu werden braucht, um ein schönes Aussehen zu erhalten. Je länger jedoch die Objekte im Bade belassen werden, um so matter und auch dunkler fällt der Niederschlag aus, so daß er erst durch Bürsten mit Seifenwurzelabkochung und hinterheriger Behandlung mit Wollschwabbeln auf einen helleren Ton und schönen Glanz gebracht werden muß. Als Bürsten verwendet man nicht für Platinniederschläge solche mit Messingdraht, weil diese leicht einen gelblichen Ton auf dem weißen Metall erzeugen, sondern man nimmt Bürsten mit feinen Stahldrähten von 0,1 bis 0,15 mm Stärke.

Die Platinbäder lassen sich nicht voll ausnutzen, es bleibt vielmehr noch eine ziemlich große Menge des teueren Metalls im Bade, wo dieses schon aufgehört hat, ordentlich zu arbeiten. Man muß daher die Badflüssigkeiten sorgsam sammeln, um den Metallgehalt daraus wieder zu gewinnen. Ebenso sammelt man das erste Waschwasser, mit welchem die aus dem Bade genommenen Gegenstände abgespült, bzw. in welchem sie zuerst abgeschwenkt wurden. All diese Flüssigkeiten gibt man in ein geräumiges Gefäß, schüttet etwas rohe Salzsäure dazu und stellt Eisenstäbe oder Eisenblechstreifen hinein. Das Gefäß darf nicht zu kalt stehen, vielmehr im Winter in der Nähe eines Ofens oder einer anderen wärmenden

Gelegenheit, sonst dauert der Ausfällprozeß gar zu lange oder wird, wie dies sonst in leidlicher Kälte vorkommen könnte, durchaus nicht in befriedigender Weise durchgeführt. Es ist gut, wenn die Flüssigkeit auch öfters umgerührt wird, was mittels des eingestellten Eisens ausgeführt werden kann. Das Platin scheidet als tiefschwarzer Schlamm aus, gemischt natürlich mit Unreinheiten, welche aus dem Eisen stammen, wie Kieselsäure, Kohlenstoff usw. Nach einigen Tagen wird dann die klare Flüssigkeit abgegossen, der Schlamm auf ein Filter gebracht und mit reichlich viel Wasser ausgewaschen. Danach wird der Schlamm getrocknet und wohl am besten an eine Scheideanstalt nach Festsetzung des Platingehalts verkauft. Den Schlamm selbst auf reines Platinmetall zu verarbeiten, kann nicht in den Rahmen einer Elektroplattieranstalt fallen.

h) Palladiumniederschläge.

Ähnlich den Platinniederschlägen sind die Palladiumniederschläge, aber doch im Ton ein geringes verschieden, d. h. etwas weißer. Bei dem heutigen geringen Preis (1926) des Palladiums gegenüber demjenigen des Platins sollten Palladiumniederschläge weit mehr in Anwendung kommen, zumal ja die chemischen Eigenschaften in bezug auf die Atmosphärilien oder die Ausdünstungen der Haut, das Palladium auch als Ersatz für Platin geeignet erscheinen lassen. Zu einem Palladiumbad löst man 5 g käufliches Palladiumchlorid (mit 42,62 vH metallischem Palladium) in 100 g Wasser, 50 g Ammoniumphosphat in 200 g Wasser und 250 g Natriumphosphat in 700 g Wasser, schüttet alle Lösungen zusammen und kocht solange, bis die Flüssigkeit nur noch schwach nach Ammoniak riecht, was etwa nach $^3/_4$stündigem Kochen erreicht wird. Dann gibt man 3—4 g Benzoesäure hinzu und füllt zu 1 Liter auf. Das Bad wird bei 60—70° C angewendet. Als Anoden verwendet man Palladiumblech, dessen Oberfläche so groß sein soll, wie die der Warenoberfläche. Die Spannung beträgt 5—6 Volt. Als Einhängedauer genügen 10—15 Minuten, will man jedoch stärkere Niederschläge erzeugen, läßt man $^1/_2$—$^3/_4$ Stunde die Ware im Bade, muß aber ein- oder zweimal zwischendurch kratzen. Nach fertiger Plattierung wird abgespült, das erste Waschwasser gesammelt, getrocknet und bei schwachen Auflagen mit einem weichen Leder und Schlemmkreide oder dgl. gut abgerieben oder bei stärkeren und damit matter gewordenen Auflagen mit einer harten Stahldrahtbürste gekratzt.

Das Palladiumbad läßt sich auch nicht vollständig ausbrauchen; es verbleibt im Elektrolyt immer noch ziemlich viel Metall, ohne daß das Bad genügend arbeitet. Man sammelt daher sorgfältig die nicht mehr funktionierenden Elektrolyten und ersten Waschwässer, stellt Eisenstäbe oder Eisenbänder hinein, gibt dazu etwas Schwefelsäure und stellt sie an einen etwas warmen Ort. Nach einigen Tagen ist bei öfterem Umrühren das Palladium vollends ausgefallen als schwarzer Schlamm. Dieser wird auf einen Filter gesammelt, getrocknet und kann nun als äußerst reiche Palladiumasche verwertet, d. h. verkauft werden.

i) Zinkniederschläge.

Diese kommen nur in Anwendung, um Stahl und Eisen mit einem schützenden Überzuge zu versehen, denn da Zink elektropositiver als Eisen ist, so wird letzteres gegen Feuchtigkeit, die Atmosphärilien oder sonstige Einflüsse erheblich vom Zink geschützt. Letztere Erkenntnis hatte früher dazu geführt, daß man die gut gereinigten Eisenwaren in ein feuerflüssiges Zinkbad tauchte, wodurch oberflächlich Zink festgehalten und derart der Zweck erreicht wurde. Natürlich wurde bei diesem Prozeß eine große Menge überflüssigen Zinks verbraucht, zumal auch die Objekte nach dem Eintauchen möglichst noch abgekratzt wurden. Es ist klar, daß nach Einführung der elektrischen Zinkplattierung eine ungeheuere Ersparnis an Zinkmetall eingetreten ist, denn die galvanische Auflage ist eine erheblich schwächere, als dies nach dem alten Verfahren der Fall war. Außerdem ist die Gewähr größer, daß durch den elektrischen Niederschlag der Gegenstand homogener gedeckt wird als nach dem mechanischen Eintauchen. Ferner ist noch zu berücksichtigen, daß metallisches Zink stets sehr unrein ist und diese Verunreinigungen ungeheuer leicht bedingen, daß das durch Eintauchen auf das Objekt gebrachte Zink durchaus nicht den schützenden Einfluß auszuüben imstande ist, den man gerne gewünscht hatte. Im Gegenteil hierzu ist der elektrische Zinkniederschlag ein durchaus reiner, zumal die für das Bad zu verwendenden Zinksalze leicht rein hergestellt werden können, und somit ist auch der Zweck des guten Schützens der Unterlage viel sicherer erreicht.

Das Zinkbad hat folgende Zusammensetzung:

In 1 Liter Wasser sind gelöst:
150 g Zinksulfat,
10 g Chlorzink,
40 g Ammonsulfat,
10 g Natriumsulfat und
10 g Borsäure.

Anoden. Als Anoden dienen Zinkplatten bei flachen oder nur sehr wenig profilierten Gegenständen. Da die Zinkbäder den Strom nur sehr wenig streuen, ist bei etwas stärker profilierter Ware die Gefahr vorhanden, daß die etwas vorstehenden Teile erheblich stärker mit Zink bedeckt werden als die tiefer liegenden. Um diesem Übel einigermaßen abzuhelfen, wird man die Entfernung der Anoden und Kathoden vergrößern, um so den mittleren Abstand aller Punkte etwas auszugleichen. War die Spannung bei normaler Elektrodenentfernung 1 Volt, so muß bei erweiterter Entfernung derselben dementsprechend die Spannung gesteigert werden, und so kommt es dann auch vor, daß mit Spannungen bis gegen 3 Volt gearbeitet werden muß. Bei noch stärker profilierten Gegenständen, z. B. Winkeleisen usw., genügt aber vielfach die zuletzt angewendete Maßnahme auch nicht, um in der Tiefe des Winkels einen genauen Niederschlag zu erhalten. Für solche Fälle wendet man dann Anoden an, welche die gleiche oder möglichst ähnliche Profilierung zeigen wie das Objekt, wie dies in Abb. 13 angedeutet ist. Um den Bädern aber doch eine möglichst große Leitfähigkeit zu geben und somit auch ein besseres Streuen des Stromes zu erreichen, setzt man dem Elektrolyten verschiedentlich Kalium-, Natrium- oder Magnesiumsalze hinzu. Man erzielt dadurch einen kleinen Erfolg, aber man muß sich sehr hüten, von diesen Hilfsmitteln ein etwas Zuviel in das Bad zu geben, denn dann leidet der Niederschlag insofern, als er netz- oder schwammartig sich abscheidet. Ein Zusatz von Quecksilbersalzen erhöht zwar auch sehr wesentlich die Leitfähigkeit des Bades, aber gleichzeitig mit dem Zink werden dann auch kleine Mengen Quecksilber abgeschieden. Diese verbinden sich aber mit dem Zink zu einer sehr spröden Legierung bzw. einem Amalgam, wodurch eine weitere mechanische Bearbeitung des plattierten

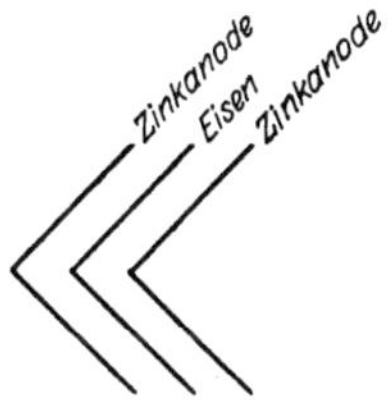

Abb. 13.

Gegenstandes meist in Frage gestellt, wenn nicht ganz ausgeschlossen ist.

Im allgemeinen wird man bei normaler Temperatur von 18 bis 20 ° C arbeiten. Ist jedoch die Möglichkeit vorhanden, das Bad ein wenig und zwar bis 30 ° erwärmen zu können, so ist dies für den Prozeß sehr vorteilhaft. Es scheidet sich leichter und mehr Zink ab, allerdings erhält dieses dann einen bläulichen Ton, welcher schon beim leichten Putzen in den normalen weißgrauen des guten Zinks sich überführen läßt. Ein noch stärkeres Erwärmen des Zinkbades ist nicht tunlich, da dann der Niederschlag zu leicht flockig ausfällt.

Wünscht man etwas stärkere Zinkniederschläge herzustellen, will man also die Gegenstände länger im Bad belassen, so soll man den Elektrolyt möglichst oft umrühren, die Ware auch verschiedene Male umhängen und den Niederschlag zwischendurch einige Male kratzen. Man kann dann die Ware 1 Stunde und noch länger dem Prozeß aussetzen, während für eine schwache Verzinkung schon 15—20 Minuten genügen.

Der Zinkniederschlag fällt immer etwas matt aus. Man versucht zwar durch Zugabe von Zucker, Stärke, Gummiarabikum, Tannin, Eukonogen und vielen anderen Mitteln direkt einen glänzenden Niederschlag herzustellen, was bei dünnen Auflagen auf einer hochglänzenden Unterlage wohl einigermaßen gelingt, aber das Beste ist doch ein hinterheriges mechanisches Glänzen, wodurch doch nur ein sicherer Erfolg garantiert wird. Die organischen Zusätze zum Zinkbad haben auch außerdem noch den Nachteil, daß sie das Bad in absehbarer Zeit verderben und unbrauchbar machen, während sonst ein solches sehr lange in Benutzung genommen werden kann, zumal auch eine Verarmung an Metall nicht eintritt, denn es löst sich an der Anode genau soviel Metall auf, wie an der Kathodenseite abgeschieden wird. Bei längerer Benützung des Bades, z. B. ist viel Anodenmaterial aufgelöst worden, wird das Bad meist durch Eisen verunreinigt sein. Wenn man ja auch beim Ansetzen des Bades durch Benutzung reinster Reagentien ein tadelloses Bad hergestellt hatte, so ist es doch fast unmöglich, derart reines Zink für Anodenzwecke zu erhalten, daß diese Reinheit bewahrt bliebe. Vielmehr ist alles Handelszink mehr oder minder durch Eisen und auch andere kleine Beimengungen verunreinigt, welche dann bewirken, daß dadurch in dem Bad sich besonders störende Eisengehalte usw. nach einiger Zeit bemerkbar machen. Solchen Eisengehalt kann man mit einiger kleinen Mühe aus dem Bad entfernen, um dieses wieder gut benutzbar zu machen. Wenn man die Badflüssigkeit in möglichst flache Gefäße schüttet, mehrere Tage darin stehen läßt und möglichst oft umrührt, oder auch atmosphärische Luft durch die Badflüssigkeit treibt, so setzt sich das Eisen fast vollständig an die Wandung und den Boden des Gefäßes als basisches Salz in Form eines rötlichen Schlammes ab. Sicherer und vollständiger ist die Eisenabscheidung jedoch, wenn man soviel Salmiakgeist zur Flüssigkeit gibt, daß nach gutem Umrühren rotes Lackmuspapier blau gefärbt wird und der Zinkniederschlag sich gelöst hat. Nach 1—2 Tagen setzt sich dann alles vorhandene Eisen als rotes Eisenoxydhydrat ab, die klare Flüssigkeit kann abgegossen werden und nach Zugabe von soviel Salzsäure, daß sich blaues Lackmuspapier schwach rötet, wieder als Elektrolyt verwendet werden. Sind zu viel andere Unreinheiten, wie z. B. Kupfer in die Badflüssigkeit gekommen, so ist diese nicht mehr so leicht zu regenerieren und das Bad muß vollständig erneuert werden.

Bei Nichtbenutzung des Bades werden die Anoden aus demselben herausgenommen, da es sonst seinen sauren Charakter verlieren würde. Die Anoden werden dann abgespült und getrocknet, dann sind sie wieder sofort gebrauchsfertig.

k) Verzinnen.

Die galvanische Verzinnung findet Anwendung zum Überziehen von Kupfer, hauptsächlich Kupferdrähten für elektrische Leitungen, von Eisen und auch Waren von Blei und dessen Legierungen, um diesen ein wertvolleres Aussehen zu geben. Das Überziehen des Eisens mit Zinn wird in der Hauptsache allerdings immer noch derart ausgeführt, daß man es in flüssiges Zinn taucht. Die Annahme, daß dieser Überzug das Eisen vor Rost schützt, ist eine irrige, denn Zinn ist elektronegativer als Eisen, mithin würde im Gegenteil das Eisen im Zusammenhang mit Zinn leichter korrodiert und das Zinn eher durch das Eisen geschützt. Zinn ist ein ziemlich teures Metall und aus diesem Grunde wird auch das Eisen vielfach eher mit Hilfe des galvanischen Stromes mit Zinn überzogen, denn es ist klar, daß hierdurch eine ganz erhebliche Metallersparnis stattfindet gegenüber dem alten Verfahren. Einen Nachteil hat aber wieder die elektrische Zinnplattierung dadurch, daß sie jedesmal besonders auf Glanz bearbeitet werden muß, denn der Niederschlag fällt immer matt aus.

Zur Herstellung des Zinnbades löst man in 1 Liter Wasser 40 g pyrophosphorsaures Natron und 20 g kristallisiertes Zinnchlorür (mit 52,45 vH metallischem Zinn). Die Lösung ist selten ganz klar, vielmehr ist fast stets eine milchig-weiße Trübung vorhanden. Wenngleich dadurch das Bad gerade nicht einen vorteilhaften Eindruck hervorrufen sollte, darf man sich in diesem Falle nicht hierdurch abschrecken lassen, denn das Bad arbeitet trotzdem absolut richtig und gut. Die Spannung darf nicht über 2 Volt betragen, sonst fällt der Niederschlag schwammig aus, man sucht deswegen also den Strom etwas darunter zu halten. Als Anoden verwendet man gegossene, nicht zu dicke Zinnplatten, welche mindestens die gleiche Oberfläche haben müssen wie die eingehängte Ware. Im Laufe des Prozesses bildet sich auf den Anoden ein weißer Belag, welcher abgekratzt werden muß. Da sich aus dem Zinnbad durch den Strom mehr Zinn abscheidet, als von den Anoden weggelöst wird, würde das Bad nach nicht zu langem Betrieb unbrauchbar werden. Man setzt deshalb nach und nach etwas Zinnchlorürlösung hinzu. Der Niederschlag fällt immer unscheinbar matt mit grauweißem Ton aus. Er wird natürlich dann stets gekratzt, und zwar wird von einigen Galvaniseuren mit sehr verdünnter Schwefelsäure (1 Teil Säure auf 30 Teile Wasser) diese Arbeit ausgeführt. Wegen der unangenehmen Eigenschaften auch dieser verdünnten Säure kann man an deren Stelle auch Seifenwurzelabkochung verwenden. Wenn dann nach dem guten Trocknen die Niederschläge noch mit Schlemmkreide aufgeputzt werden, so erhalten sie einen sehr schönen weißen Glanz. Wünscht man ziemlich starke Zinniederschläge zu erzielen, so muß nach nicht zu langer Einhängedauer gekratzt werden, um die entstandene Auflage zu glätten. Man besorgt dies mit Messingbürsten unter Zuhilfenahme von verdünnter Schwefelsäure. In diesem Falle ist die Säure eher erforderlich als die Seifenwurzelabkochung, da auf dem jetzt mit Säure gekratzten Niederschlag ein weiterer besser haftet. So kann man zwischendurch noch öfters kratzen, um ja eine recht starke Auflage herzustellen, besonders wenn man beabsichtigt, sogenanntes Altzinn oder auch die bekannte Moirierung mittels des Niederschlages zu erzeugen.

Die Zinnbäder sind von nicht zu langer Lebensdauer, man muß also in absehbarer Zeit sich wieder frischen Elektrolyt ansetzen, um gut weiter arbeiten zu können.

l) Eisenniederschläge.

Das für gewöhnlich verwendete Eisen ist niemals chemisch reines Eisen und soll es auch nicht sein; denn die Eigenschaften des Gebrauchseisens sind ganz andere als die, welche das reine Eisen besitzt. Wir finden daher das Eisen stets mit mehr oder weniger Kohlenstoff gemischt oder verbunden je nach den verschiedensten Zwecken, welchen es dienen soll. Am meisten Kohlenstoff enthält das Gußeisen, welches ihm neben anderen kleinen Beimengungen wie Mangan und Silizium die leichtere Schmelzbarkeit verleiht. Viel weniger Kohlenstoff enthält das Schmiedeeisen, und zwischen beiden, dem Gußeisen und dem Schmiedeeisen, liegt, was den Kohlenstoffgehalt anbetrifft, der Stahl. Letzterer ist unter anderm wegen seiner großen Härte den beiden andern Eisensorten gegenüber vielfach bevorzugt. Das elektrolytisch niedergeschlagene Eisen besitzt nun aber auch eine Härte, welche ihm mehrfach seine Anwendung verdankt, und deshalb spricht man auch nicht ganz mit Unrecht meist von Verstählen der Objekte, wenn man einen einfachen Eisenniederschlag erzeugen will. Die Härte des galvanisch niedergeschlagenen Eisens ist allerdings nicht die gleiche, wie auf anderem Weg erzeugtes chemisch reines Eisen, denn letzteres ist weicher, aber bei dem elektrolytischem Prozeß findet eine schwache Wasserstoffentwicklung bzw. Abscheidung an der Kathode statt, also an der Elektrode, wo sich auch das Eisen abscheidet. Dieses hat aber die Eigenschaft, gleich wie es gierig Kohlenstoff aufnimmt, auch den freien Wasserstoff aufzunehmen und derart auch eine Art Legierung zu bilden, welche, was die Härte anbetrifft, an Stahl erinnert und mit diesem nun verglichen wird. Die Härte des wasserstoffhaltigen Eisens ist zirka dreimal so groß wie die Härte des reinen Eisens.

Das Eisenbad wird hergestellt, wenn man in 1 Liter Wasser 130 g möglichst chemisch reinen Eisenvitriol, 100 g Chlorammonium und 3 g zitronensaures Natrium-Natriumzitrat auflöst. Es wird bei sehr geringer Badspannung gearbeitet und zwar mit 0,6—1,0 Volt. Um auf manche Gegenstände anfänglich schnell einen schwachen Niederschlag zu erzeugen, läßt man wohl bei Beginn der Arbeit auch einen stärkeren Strom bis etwa 2 Volt durch das Bad, den man dann aber bald in den schwächeren Strom überführt. Die Temperatur beträgt 18—20° C. Als Anoden dienen weiche Eisenbleche, deren Oberfläche mindestens so groß wie die der Waren sein soll. Das Eisenbad arbeitet am vorteilhaftesten, wenn es durch einen kleinen Zusatz von Borsäure oder Zitronensäure ganz schwach sauer gehalten wird. Es fällt dann der Niederschlag schön weiß aus. Wird jedoch im Laufe des Prozesses etwa Schwefelsäure im Bade frei, so ist auf ein gutes Arbeiten des Bades nicht mehr zu rechnen, der Niederschlag wird blasig und blättert fast absolut sicher ab. Man muß möglichst oft mit Kongopapier prüfen, ob ein Vorhandensein von freier Schwefelsäure festzustellen ist und man muß dann gegebenenfalls sofort mit Salmiakgeist neutralisieren. Um nicht diese ständige Kontrolle ausüben zu müssen, kann man auch ein Beutelchen mit kohlensaurer Magnesia in das Bad hängen; etwa sich bildende freie Schwefelsäure wird von dieser dann aufgenommen unter Bildung von unschädlicher schwefelsaurer Magnesia, welche im Bad gelöst bleibt, und freier Kohlensäure, welche in Form von Gasbläschen in der Flüssigkeit hochsteigt. Bedient man sich dieses Hilfsmittels, so bleibt das Bad natürlich neutral, denn auch andere freie Säuren würden von der kohlensauren Magnesia zerstört werden. Besonders in neutralen Bädern wird leicht das Eisenoxydulsalz zu basischen Eisensalzen oxydiert, die sich als brauner Schlamm bilden und so das Bad verunreinigen. Man muß dieses deshalb von Zeit zu Zeit filtrieren, um wieder einen klaren, gut arbeitenden Elektrolyten zu erhalten. Ein größerer Zusatz von zitronensaurem Natron hält zwar die Bildung dieses Eisenschlammes hintan, aber der Niederschlag fällt dann mehr grau aus.

An den Waren hängen sich immer Bläschen von Wasserstoffgas an, welche eine gleichmäßige Bedeckung mit dem Niederschlag verhindern. Man muß deshalb diese Gasbläschen entfernen, und zwar geschieht dies vielfach, indem man mit einem langstieligen Pinsel die Waren zeitweilig überfährt oder am einfachsten ist dies zu bewerkstelligen, wenn man die Stangen, an welchem die Ware aufgehängt ist, ein wenig anhebt und mit einem kleinen Stoß wieder auflegt.

Am meisten angewendet wird das Verstählen von Kupferklichees, die dann eine erheblich längere Gebrauchsdauer aushalten, als ohne den Überzug, und zwar sind acht bis zehnmal so viel Abzüge mit verstählten als unverstählten Klichees ausgeführt worden. Dann hat der Eisenüberzug einmal noch den Vorzug, daß er viel weniger empfindlich gegen die zum Drucken benutzten Farben ist und sich nach einiger Abnützung leicht mit etwas verdünnter Schwefelsäure ablösen läßt, wonach man dann auf die noch intakte Unterlage wieder einen neuen Eisenüberzug geben kann. Bei dem Verstählen dieser Klichees genügt meist schon eine Einhängedauer von 3—5 Minuten, um einen vollständigen Überzug zu erzeugen. Auch sonst wird die Einhängedauer selten über 10 Minuten ausgedehnt, da man in sehr wenigen Fällen wohl etwas starke Auflagen wünscht.

Die fertigen Waren werden in kochend heißem Wasser gespült, in heißem Sägemehl getrocknet und in einem Trockenschrank bei etwa 90° gelegt, um die allerletzten Spuren von Feuchtigkeit zu entfernen.

m) Bleiniederschläge.

Da metallisches Blei von Schwefelsäure nicht angegriffen wird, werden vielfach andere Metalle, welche mit dieser Säure in Berührung kommen, mit einem Bleiüberzug versehen. Die für gute Bleibäder nötigen Chemikalien sind zwar nicht zu billig, aber es ist doch notwendig diese anzuschaffen, denn die in früheren Jahren auf billige Weise durch Kochen von Bleiglätte in Ätzkali hergestellten Elektrolyte konnten in keiner Weise zu einem guten Resultat führen. Erst in neuerer Zeit hergestellte Bleibäder kann man als durchaus brauchbar ansehen, und zwar unterscheidet man saure und alkalische Bäder. Die ersteren geben schnellere Niederschläge, während die letzteren den Strom besser streuen, somit für profilierte oder nicht sehr ebene Gegenstände am vorteilhaftesten sind.

Das saure Bleibad ist zusammengesetzt aus:

80 g kieselfluorwasserstoffsaures Blei,
70 g Kieselfluorwasserstoffsäure,
1,5 g Gelatine,
zusammen gelöst in 1 Liter Wasser.

Die Badspannung beträgt nur 0,5 Volt. Die Temperatur ist normal.

Das alkalische Bleibad ist zusammengesetzt aus:

20 g Kaliumplumbat,
6 g Kaliumhydroxyd,
gelöst in 1 Liter Wasser.

Hier ist die Badspannung 4 Volt und die Temperatur etwa 80° C.

Als Anoden verwendet man in beiden Bädern Bleibleche.

Sehr empfehlenswert sind auch die Bäder der Langbein-Pfannhauser Werke.

n) Arsenniederschläge.

Diese werden fast nur zu dekorativen Zwecken hergestellt auf Kupfer- und Messinggegenständen sowie auch auf Silberschmuckstücken, um denselben ein Aussehen zu geben, das man als Altoxyd bezeichnet. Zu letzterem Zweck wird dann meist der nicht zu fest haftende Überzug an den erhabenen Stellen abgerieben aber in den Vertiefungen stehen gelassen. Zur Herstellung des Bades kocht man 40—50 g arsenige Säure in 1 Liter Wasser unter recht oftmaligem sogar möglichst stetigem Umrühren und Ergänzen des verkochenden Wassers, bis das Salz gelöst ist. Es erfordert dies eine sehr lange Zeit. Dann gibt man noch 20 g Soda und 8 g Zyankalium hinzu. Man läßt zum Gebrauch auf normale Temperatur abkühlen und verwendet Platin oder in Seide eingenähte Kohlenanoden, die doppelt so groß sein sollen wie die Warenfläche. Die Spannung beträgt 3—4 Volt. Der Niederschlag fällt hell- bis dunkelgrau aus. Zu langes Belassen im Bade ist nicht angebracht, da sonst der Niederschlag um so weniger gut haftet. Ein Erfordernis ist es, daß die Ware mit dem fertigen Niederschlag äußerst gut gewässert wird, um ja alle Reste des Sodasalzes zu entfernen. Man legt die Ware daher in fließendes Wasser, oder wechselt in ruhigem Wasser dasselbe sechs bis achtmal nach je einer Viertelstunde. Beachtet man diese Vorschrift nicht, wird der Niederschlag nach nicht zu langer Zeit leicht fleckig.

o) Antimonniederschläge.

Gleichwie die Arsenniederschläge dienen auch die Antimonniederschläge zu dekorativen Zwecken und vorzüglich auf Silberwaren. Es wird hierbei auch ein hell-dunkelgrauer Überzug erzeugt, der dann meist an den erhabenen Stellen abgerieben wird, um das Grundmetall zum Vorschein zu bringen. Das Antimonbad wird zusammengesetzt aus:

50 g Schlippschem Salz = Schwefelantimon + Schwefelnatrium,
10 g kalziniertem kohlensaurem Natron,
gelöst in 1 Liter Wasser.

Die Lösung geht zwar gut vor sich, aber es bleibt fast stets eine stärkere Trübung, die am besten abfiltriert wird. Als Anoden verwendet man Platinblech oder in Seide genähte Kohle. Die Spannung ist 2,5—3,5 Volt; die Temperatur normal. An den Anoden setzt sich im Laufe des Prozesses ein roter Niederschlag an, der von Zeit zu Zeit abgebürstet oder mit verdünnter Salzsäure weggelöst werden muß.

p) Molybdänniederschläge.

Gleichwie Arsen- und Antimonniederschläge dienen die Molybdänniederschläge nur zur Dekorierung besonders von Kupfer- und Silberwaren. Der Niederschlag ist hell- bis dunkelgrau. Man kann aber auch mit Hilfe des Molybdänbades nach Art der Nobilischen Ringe konzentrisch irisierende in den Regenbogen schillernde Farben erzeugen. Dieses Farbenspiel entsteht am besten auf der der Anode abgewendeten Seite der eingehängten Ware, und kann derart zu schönen Effekten benutzt werden. Auf goldenen oder vergoldeten Gegenständen ist diese Art der Farbendekorierung oftmals sehr schön. Leider aber verblassen diese Farben im Laufe der Zeit und verschwinden dann allmählich.

Zur Herstellung des Molybdänbades löst man 25 g Ammoniummolybdat-molybdansaures Ammonium und 10 ccm Ammoniak in 1 Liter Wasser, oder man gibt zu 20 g Molybdänsäure soviel Ammoniak, daß eine vollständige Lösung erfolgt, setzt dann noch ein wenig Ammoniak im Überschuß hinzu und füllt nun zu 1 Liter Flüssigkeit auf. Die Spannung beträgt 5 Volt, die Temperatur ist normal und als Anoden verwendet man Platin oder Kohle.

q) Niederschläge auf nicht metallischen Unterlagen.

Bisher war nur von Niederschlägen der Metalle auf einer metallischen Unterlage gesprochen worden, indessen kommen auch vereinzelte Fälle vor, wo auf Unterlagen von Holz, Leder, Gips, Glas usw. irgend ein metallischer Überzug ausgeführt werden soll. Derselbe soll dann meist auch nur gerade so stark sein, daß er das betreffende Objekt oder die gewünschten Stellen gut bedeckt. Die vorher erwähnten Gegenstände aus Holz, Gips usw. sind nun aber keine Leiter für den elektrischen Strom und es würden sich somit auf denselben keine Metalle abscheiden können, wenn sie mit dem negativen Pol eines Stromkreises verbunden in einen

Elektrolyt getaucht würden. Es muß somit die Oberfläche dieses Objektes oder der Teil derselben, welcher den Überzug erhalten soll, erst leitend gemacht werden. Auch müssen vielfach die betreffenden Objekte einer Präparation unterworfen werden, damit sie durch das Eintauchen in den Elektrolyt nicht zu Schaden kommen. So werden Gegenstände aus Holz, Leder, Gips usw. in ein geschmolzenes Gemisch von gleichen Teilen Wachs und Stearin oder Wachs und Paraffin gelegt, bis sie davon gut durchtränkt sind, was etwa 10—20 Minuten dauert, je nach dem Volumenverhältnis der Objekte. Geschmolzen wird das Wachs usw. in einem Gefäß mit doppelter Wandung, wobei in dem Zwischenraum Wasser sich befindet, das zum Kochen erhitzt wird. Nach dem Herausnehmen der Gegenstände aus diesem Schmelzgemisch läßt man allseitig gut abtropfen, erkalten, und dann wird man noch überflüssig vorhandenes Wachs behutsam entfernen. Das Leitendmachen der Oberfläche solcher vorbereiteten Gegenstände geschieht mittels Graphit oder Metallpulver. Extra für diesen Zweck bestimmter, d. h. gereinigter Graphit ist in einschlägigen Geschäften zu kaufen. Er soll vor allem absolut rein von Sand sein. Der Graphit wird mittels nicht zu weicher Pinsel und Bürsten aufgetragen, bis alle Teile bestens damit bedeckt sind und der Gegenstand tiefschwarz glänzend aussieht. Als Metallpulver bedient man sich des sogenannten Pulversilbers, vielfach unter der Bezeichnung „argent poudre“ im Handel erhältlich. Es ist dies aus Höllensteinlösung mittels organischer Reagentien hergestelltes äußerst fein verteiltes metallisches Silber, das zwischen den Fingern gerieben keine Spur eines Körnchens aufweisen darf, vielmehr die Finger mattglänzend versilbert. Dieses Pulver wird ebenfalls mittels Pinsels und Bürsten aufgetragen, bis alle Teile damit sorgfältig gedeckt sind. In gleicher Weise wird auch feinst verteiltes Kupferpulver verwendet. Dann werden die Gegenstände mit recht weichem, nicht zu dünnem Kupferdraht an ein paar Stellen umgeben, aber sehr vorsichtig, daß die leitende Oberschicht nicht verletzt wird, man führt dies aus durch Unterlegung an den Berührungsstellen mittels möglichst kleinen dünnen Bleiblättchen. Diese Drähte werden dann an der negativen Leitungsschiene des Bades angeschlossen, müssen aber am Objekt später, wenn auf diesem zum größten Teil ein metallischer Niederschlag erfolgt ist, etwas verschoben oder anders gelegt werden, damit auch die vorher von ihm berührten Stellen frei zu liegen kommen und nun auch gedeckt werden können. Will man auf Gegenständen aus Glas, Porzellan oder dergleichen metallische Niederschläge erzeugen, so muß am besten an den betreffenden Stellen ein metallischer Untergrund erzeugt werden, der dann in irgendeiner Weise mit der Kathodenleitung des betreffenden Bades in Verbindung gebracht wird. Diese metallische Unterlage erzeugt man mittels Glanzsilber oder Glanzgold, wie sie in Glas- und Porzellanfabriken verwendet werden. Man trägt mittels Pinsel an den dazu ausersehenen Stellen die mäßig flüssigen Pasten auf und brennt bei mäßiger Temperatur ein. Durch die in den Glanzpasten vor allem basische Wismutsalze enthaltenen Ingredienzien wird das zurückbleibende Edelmetall fest in den Grund eingebrannt. Zur Verstärkung der überaus dünnen, hier übrigbleibenden Schicht Edelmetall kann der Prozeß noch einmal wiederholt werden. Man erhält dann ein festhaftendes Metallhäutchen, auf welches man dann ein anderes oder auch gleiches Metall in beliebiger Stärke niederschlagen kann, wenn man es in geeigneter Weise mit der Kathodenleitung in Verbindung bringt und in das entsprechende Bad einhängt. Als Bäder werden die im vorstehenden Teil angeführten verwendet.

5. Galvanoplastik.

Die galvanoplastischen Gegenstände unterscheiden sich von den anderen Metallniederschlägen dadurch, daß sie von der Unterlage abgenommen werden können, somit als selbständige Objekte figurieren und demgemäß auch eine entsprechende Stabilität, d. h. eine gewisse Stärke besitzen müssen. Bei diesen Niederschlägen ist die Hauptansichtsseite am fertigen Stück nicht diejenige, welche im Bad dem Auge bzw. der Außenwelt zugekehrt ist, sondern die Seite, welche sich an der Unterlage befindet, also vorläufig nicht sichtbar ist und natürlich dann ein direkt umgekehrtes Reliefbild der Unterlage zeigt. Man spricht infolgedessen von dem fertigen Stück auch als Positiv, während die Unterlage, auf welcher dieses Positiv erzeugt wurde, als Negativ angesehen wird. Es soll kurzweg hier die Nachbildung irgendeines Objektes gleichwie welchen Materials in irgendeinem Metall nachgebildet werden.

Die Galvanoplatiken werden in der Hauptsache in Kupfer ausgeführt, aber mitunter auch in Silber, Nickel und Eisen, noch seltener in Gold. Die größte Anwendungsart findet sie zur Herstellung von Klischees und kunstgewerblichen Gegenständen, die nicht als Massenartikel durch Prägen oder Drücken usw. angefertigt werden oder welche in äußerst genauer Wiedergabe eines Originals ausgeführt werden sollen.

Mit die Hauptarbeit bei Ausführung galvanoplastischer Arbeiten fällt auf die Herrichtung der Negative, sowohl deren Herstellung wie das Leitendmachen derselben. Zunächst ist zu beachten, aus welchen Stoffen und in welcher Form wird das Positiv geboten, nach welchem die Plastik bzw. zunächst das Negativ angefertigt werden soll. Zu letzterem verwendet man hauptsächlich Gips oder Metall, aber auch Guttapercha und Wachsgemische. Die Nachformungen in Gips erfolgen in folgender Weise. Das gut mit Öl abgeriebene Objekt wird mit dem Rücken nach unten auf ein eingeöltes oder sonst eingefettetes Brett gelegt und mit einem Kupferdraht umlegt, der aber $^1/_2$—1 cm allseitig von seiner Wandung entfernt bleiben muß, dessen Ende in einer Länge von 15—20 cm abseits geführt ist. In ein Gefäß aus emailliertem Eisen wird soviel Wasser gegeben, daß dasselbe mit dem zugegebenen Gips das Objekt und den herumgelegten Draht mindestens $^1/_2$ cm beim Übergießen bedecken muß. In dieses Wasser wird schnell soviel gut gebrannter Alabastergips gestreut, daß gerade die Gesamtwassermenge davon aufgenommen wird. Jetzt muß Wasser und Gips noch gut aber schnell durcheinander gerührt werden und es muß ein mäßig dünner Brei entstehen. Mit diesem wird der abzuformende, vorher mit einem Öllappen gut abgeriebene Gegenstand in schwacher Schicht übergossen. Da sich am Objekt noch Luftblasen befinden, wird jetzt schnell mit einem vorher in Wasser stark naßgemachten weichen Pinsel der Gips auf dem Objekt verrührt, um so die Bläschen zu entfernen. Der Pinsel wird dann schnell wieder in viel Wasser von dem anhaftenden Gips befreit und das Objekt mit dem Rest des Gipses übergossen. Gewöhnlich wird nach 12—15 Minuten der allmählich sich erhärtende Gips warm werden und nach weiteren 5—7 Minuten kann der Gipskuchen mit noch eingeschlossenem Objekt von der Unterlage abgehoben werden. Jetzt ist der Gips noch etwas weich und es kann mit einem Messer dann der überflüssige Rand und noch andere nicht notwendige Teile wie Wulste usw. abgetrennt werden, auch wird man den um das Objekt gelegten Kupferdraht so weit vom Gips befreien, daß er gerade sichtbar wird. Nach nicht zu langer Zeit kann dann das Objekt vom Gips abgehoben werden. Besteht das abzuformende Objekt aus Gips, so muß es entweder vorher in einem Wachsparaffin- oder dergl. Bad ausgekocht werden, oder seine Oberfläche muß gut mit konzentriertem Seifenwasser eingerieben und dann trocknen gelassen werden, damit der darauf gegossene Gips sich gut loslösen läßt. An einem etwas warmen Ort läßt man das Negativ gut trocknen, so daß es beim Befühlen keine Spur Feuchtigkeit mehr zeigt. Darauf werden die Negative in ein Gemisch von gleichen Teilen Wachs und Paraffin gelegt, das in einem Wasserbad, wie früher angegeben, dünnflüssig gemacht wurde. Hierin beläßt man die Gegenstände etwa 15—20 Minuten, läßt sie nach dem Herausnehmen gut abtropfen und kalt werden. Jetzt müssen die Negative einen leitenden Überzug erhalten und zwar wird dies mit Graphit oder Metallpulver ausgeführt, wie es im vorhergehenden Abschnitt „Niederschläge auf nichtmetallischen Unterlagen" angegeben wurde. Gut Obacht muß bei dem Leitendmachen gegeben werden, daß der um das Negativ laufende Kupferdraht vor dieser Operation mit einem Messer gut blank geputzt wurde, damit der von ihm kommende Strom unbehindert mit dem leitenden Überzug in Berührung ist. Dieser geht dann nur ein paar Millimeter über den Draht hinweg und muß die weiteren Teile, wie die Rückwandung usw. des Negativs, vollständig freilassen. In Anstalten, wo ziemlich viel nicht zu stark profilierter Negative leitend gemacht werden, bedient man sich auch der Graphitiermaschinen. Es sind dies kreisrunde, geschlossene Kästen, auf deren Boden die Negative gelegt werden, über welche an einer sternenförmigen Vorrichtung befestigte Bürsten schleifen, welche ständig den Graphit einreiben. Das Ende des in den Gips eingegossenen Drahtes wird sauber geputzt und etwas flach geschlagen, damit es derart um die Zuleitung des negativen elektrischen Stromes gewickelt oder gelegt werden kann, daß ein recht inniger Kontakt damit hergestellt werden kann. Unmittelbar vor dem Einhängen werden die Negative mit Spiritus — gewöhnlicher Brennspiritus genügt — gut übergossen und nun ohne weiteres Trocknenlassen in das Bad gebracht.

Bei unterschnittenen Gegenständen müssen zwei oder noch mehr einzelne Teile dieser Objekte nacheinander geformt werden, je nach dem man mit einer oder mehreren Schnittlinien zu rechnen hat. Sind diese einzelnen, zusammen das ganze Objekt darstellenden Teile angefertigt, so kann man entweder diese sachgemäß zusammensetzen und hierauf den Niederschlag ausführen, oder man kann auch auf jedem einzelnen dieser Teile den Niederschlag anfertigen und nun die Zusammensetzung der einzeln niedergeschlagenen Teile vornehmen. Natürlich ist hier stets eine Nachbehandlung des fertigen Gegenstandes inbezug auf die Fugen erforderlich, eine Arbeit, welche viel Aufmerksamkeit erfordert, damit die Nachbildung auch möglichst dem ursprünglichen Objekt entspricht.

Eine andere Art der Herstellung der Negative geschieht in Metall. Man verwendet hierzu recht dünnflüssige Legierungen verschiedenster Zusammensetzung. Solche sind das Wood'sche Metall, bestehend aus:

2 Teilen Cadmium,
8 „ Wismut,
4 „ Blei,
2 „ Zinn,

bei 76° C schmelzend, oder dem Roseschen Metall ähnlich aus

8 Teilen Wismut,
3 „ Zinn,
5 „ Blei,
bei 80° C schmelzend.

Hergestellt werden diese Legierungen, indem man die betreffenden Metalle, in den angegebenen Gewichtsverhältnissen gemischt, in einen Graphittiegel gibt und die Masse mit Wachs oder Paraffin bedeckt unter mäßiger Hitze zusammenlaufen läßt und dann ausgießt, nachdem man mit einem verkohlten Holzstab gut umgerührt hatte. Zur Benutzung dieser Legierung schmilzt man sie wieder ein und gießt sie in nicht zu überhitztem Zustande in einen etwas angefeuchteten flachen Pappkarton von genügender Größe. Die an der Oberfläche befindliche mattgraue oxydische Gußhaut und sonstige kleine Unreinheiten werden mit einem Kartenblatt bequem abgezogen, so daß die hellglänzende Metallschicht frei zu liegen kommt. Ehe nun das Metall erstarrt, wird das abzuformende Objekt hineingedrückt, nachdem es ganz schwach eingefettet oder graphitiert war. Nach dem Erkalten der ganzen Masse läßt sich durch einfaches Abheben oder durch schwaches Schlagen das Original von der Unterlage entfernen. Um recht scharfe Negative zu erhalten, kann man auch das Eindrücken des Objektes in das noch etwas flüssige Metall in einer Presse mit nicht zu starkem Druck vornehmen. In manchen Fällen kann man auch das ursprüngliche Positiv mit der nicht flüssigen Legierung übergießen. Sind hier die abzuformenden Gegenstände aus Metall, so muß dieses durch einen Überzug geschützt werden, damit die beiden Metalle des Positivs und Negativs nicht zusammenwachsen. Als solch schützende Zwischenlage kann ein Graphitieren dienen oder auch ein chemisches Verfahren. Letzteres ist derart auszuführen, daß man das Positiv zunächst in sehr schwache Salpetersäure taucht, mit Wasser etwas abspült und nun in Schwefelamonium oder Schwefelleberlösung taucht. Die meisten Metalle erhalten hierdurch einen schwachen Überzug seines Sulfids, welcher trocknen gelassen wird und dann eine sehr wirksame Zwischenlage darbietet. Diejenigen Teile des Metallnegativs, welche frei bleiben sollen, müssen mit einem schützenden Überzug von Decklack oder Paraffin überzogen werden. Es ist auch gut möglich, auf galvanoplastischem Wege sich ein Negativ herzustellen, von dem aus man wieder Positive anfertigen kann. Um bei Herstellung solcher Negative und auch bei derjenigen der Positive von Metallnegativen ein Zusammenwachsen der Metalle zu verhindern, bedient man sich der verschiedensten Mittel. Vielfach wird das Objekt schwach versilbert und mit einer Jodlösung übergossen, wodurch eine Jodsilberschicht gebildet wird, die den gewünschten Zweck erfüllt. Auch ein Graphitüberzug erreicht dasselbe Ziel, nur wird durch einfaches Einreiben mit Graphit vielfach nicht das Metall absolut gedeckt, deshalb taucht man den Gegenstand erst in eine verdünnte Lösung von Kakaobutter in Alkohol, läßt trocknen und graphitiert nun ein. Auch ein tüchtiges Einreiben mit Vasilin vor dem Graphitieren ist vielfach zu empfehlen, doch darf das Vaselin nur in dünnster Schicht vorhanden sein.

Ferner werden noch Negative aus plastischen Massen, wie Wachs, Talg, Paraffin, Asphalt, Kolophonium, Ceresin, auch Leim usw. angefertigt. Meist werden eine Anzahl dieser Ingredienzien zusammen geschmolzen, um dann dem Zweck zu dienen. So gibt es eine große Anzahl Vorschriften in dieser Beziehung, welche bei genügender Geschicklichkeit alle verwendbar sind. Solche Zusammenstellungen sind:

Bienenwachs	50	Teile
Kolophonium	20	„
Ceresin	10	„
Graphit	20	„

oder Bienenwachs	35	Teile
Ozokerit	35	„
Paraffin	10	„
Venetianischer Terpentin	10	„
Graphit	10	„

Diese Reagentien werden am besten in einem mit Dampf geheizten Gefäß zusammengeschmolzen und auf einem ebenen Tisch in Platten von 1—5 cm Stärke ausgegossen. Wenn die Masse erstarrt ist, wird sie in Tafeln geschnitten, noch mit Graphit eingerieben und die abzuformenden Gegenstände, welche mit Seifenwasser oder auch Fett eingerieben wurden, darauf gelegt und mittels einer Presse von etwa 50 Atmosphären eingedrückt. Nun wird nach Abheben des Originals nochmals nachgesehen ob alle in Betracht kommenden Teile noch gut mit Graphit überzogen sind, widrigenfalls noch einmal nachgraphitiert werden muß.

Als plastische Masse dient ferner noch zur Herstellung der Negative auch Guttapercha. Diese muß sehr rein sein und wird in heißem Wasser erweicht und in Kuchenform gebracht. Dann wird sowohl die Guttapercha wie das Modell und auch die Platte, auf welcher die Arbeit vorgenommen wird, mit Glyzerin eingerieben, damit sich nach dem Fertigen des Abdrucks wieder alle Teile glatt voneinander abheben lassen. Das Abformen geschieht dann unter einer hydraulischen Presse mit Druck von 120—150 Atmosphären. Unter der Presse muß dann die Guttapercha vollends erkalten und fest werden. Das Leitendmachen der Form kann dann mittels Graphit oder Metallpulver erfolgen.

Hat man Gegenstände, welche nicht einen solch starken wie oben angeführten Druck aushalten, so macht man die Guttapercha durch Zugabe von Schweinefett und Harz im Verhältnis von 10 : 4 : 3 erheblich weicher, so daß diese Masse sich jetzt durch mäßig starken Druck der Hand in Reliefs des Positivs einkneten läßt. Mit Hilfe dieser Masse lassen sich verhältnismäßig zarte Gegenstände gut abformen. Die Negative werden dann wie bekannt mit Graphit oder Metallpulver leitend gemacht.

Bei den Negativen aus den plastischen Massen wie Wachs usw. und Guttapercha wird der Zuleitungsdraht zu der leitend gemachten Oberfläche derart angebracht, daß man ihn in entsprechende Form — kreisrund, oval, viereckig usw. — bringt, ihn erwärmt und nun um das eigentliche Negativbild in die Masse drückt und zwar soweit, daß der Draht fast vollständig in der Masse ruht. Das Ende dieses Drahtes dient dann wieder zum Aufhängen an die Leitungsschienen und wird, wie schon oben angegeben, etwas breit geschlagen zum besseren Anpassen an die Schiene. Natürlich muß Draht und Schiene stets metallblank sein, worauf gute Obacht gegeben werden muß.

Die Bäder zur Ausführung der Plastikarbeiten sind erheblich metallreicher wie diejenigen für die gewöhnlichen galvanischen Niederschläge.

Für Kupfergalvanoplastiken verwendet man Bäder mit 150 bis 200 g reinstem kristallisiertem Kupfervitriol und 30 g konzentrierter chemisch reiner Schwefelsäure in 1 Liter Wasser. Als Anoden verwendet man Kupferelektrolytplatten, welche mindestens so groß wie die Niederschläge sein sollen. Die Spannung beträgt 0,75—1 Volt. Ist das ganze Negativ mit Kupfer gedeckt, kann man bis 1,5 Volt Spannung geben. Man achte aber darauf, ob die hellrote Farbe des Niederschlages nicht in ein dunkelrot besonders an Rändern übergeht, denn dann muß die Spannung wieder verringert werden. Bei graphitierten Negativen muß der Niederschlag je nach Größe des Objekts in $^1/_2$—3 Stunden spätestens zugegangen sein, während bei metallisierten Negativen in einigen Minuten eine vollständige Deckung erzielt sein muß. Die Entfernung der Anoden und Kathoden wird im allgemeinen 12—15 cm betragen, bei stärker profilierten Objekten ist es aber vorteilhaft, eine größere Entfernung zu nehmen, wobei man dann eine größere Spannung und zwar bei je 5 cm weiteren Entfernung je 0,3 Volt erhöhte Spannung gibt. Je nach der gewünschten Stärke des Niederschlages dauert das Belassen im Bade 3—12 Stunden oder noch viel länger. Um Strom und Zeit zu sparen und doch den Niederschlägen eine gewisse Stärke zu geben, hintergießt man den noch verhältnismäßig dünnen Niederschlag mit einer Komposition aus Blei, Zinn und Antimon, worin die beiden letzten Metalle in etwa gleichen Teilen, aber Blei zwei bis sechsmal so viel genommen wird, wie die beiden andern Metalle zusammen. Das Hintergießen der Niederschläge kann folgendermaßen ausgeführt werden. Noch ehe diese aus dem Negativ herausgehoben werden, werden sie mit Wasser gut abgespült, mit einer Lösung von Zinkchlorid und Salmiak oder sonst einem guten Lötwasser übergossen, worauf die flüssig gemachte Legierung darauf gegossen wird. Ist der Niederschlag im Negativ natürlich schon stark genug, kann diese Arbeit auch nach Abheben aus der Form vorgenommen werden. Nachdem das hintergossene Metall durch mechanische Hilfsmittel wie Hobeln und Schaben eine gewünschte Rückseite erhalten hat, wird dann oftmals noch das soweit fertig gestellte Objekt in einem zyankalischen Kupferbad allseitig stark verkupfert, so daß der ganze Gegenstand wie aus Kupfer bestehend aussieht.

Sehr erwünscht ist es, wenn in dem Galvanoplastikbade der Elektrolyt in ständiger, wenn auch nicht zu starker Bewegung gehalten werden kann. Läßt sich dies wie z. B. durch eine schwache Rührvorrichtung oder Einblasen von Luft in den tiefen Teil der Flüssigkeit oder sonstwie nicht bewerkstelligen, so soll doch mit der Hand so oft wie möglich ein Rühren vorgenommen werden.

Wünscht man die fertigen Niederschläge recht schnell fertiggestellt zu haben, so muß man sich erwärmter Bäder bedienen. Für diesen Fall erfährt auch der Elektrolyt eine andere Zusammensetzung, indem er metallreicher und säureärmer sein muß. Die Zusammensetzung ist dann: in 1 Liter Wasser sind gelöst 250 bis 300 g reinsten Kupfervitriols und 7 g konzentrierte Schwefelsäure. Die Temperatur des Bades beträgt 30 ° C, wenn die Matrizen, d. h. die Negative aus Wachskomposition bestehen. Höhere Temperaturen des Bades können angewendet werden, wenn die Matrizen aus weniger leicht schmelzbarem Material gefertigt wurden. Für diese Bäder ist ein ständiges Rühren unbedingt erforderlich. Anfänglich, d. h. solange die Form noch nicht ganz mit Kupfer bedeckt ist, arbeitet man mit nicht zu hoher Spannung, d. h. etwa mit 1,5 Volt, nachher kann sie dann aber bis auf 5—6 Volt gesteigert werden.

Haben die Galvanos im Bade die genügende Stärke erhalten, so werden sie nach Abspülen in Wasser von dem Negativ getrennt und mit einer nicht zu zarten Zirkularbürste gekratzt. Sollten besonders bei künstlerischen Objekten noch an der Oberfläche kleine Einschlüsse von Graphit oder andern vom Leitendmachen herrührenden Agentien zu bemerken sein, taucht man schnell in verdünnte Salpetersäure, spült mit Wasser und kratzt wieder. Das Kratzen wird immer unter Zuhilfenahme von Seifenwurzelabkochung oder dergleichen vorgenommen. Nach Bedarf wird das Beizen nochmals wiederholt, bis das Objekt vollständig eine reine

Oberfläche zeigt. Kleine Fehler, welche sich jetzt noch bemerkbar machen, z. B. kleine Erhöhungen von Blasen herrührend usw. lassen sich meist leicht mittels geeigneter Instrumente beseitigen. Unvermeidliche entstandene überstehende überflüssige Ränder werden mittels Scheren, Laubsägen usw. entfernt.

Sollen die Niederschläge in anderen Metallen ausgeführt werden, so ist die Anfertigung der Negative eine gleiche wie oben angegeben. Jedoch sind für die stark zyankalihaltigen Bäder wie für Gold- und Silberniederschläge Negative aus Wachs und dessen Kompositionen nicht gut verwendbar, da dieses Material vom Zyankali zerstört wird und das Bad unbrauchbar machen würde.

Als Bäder verwendet man die ähnlich zusammengesetzten wie bei den früher beschriebenen Metallüberzügen, jedoch mit erheblich größeren Metallgehalten. So ist die Zusammensetzung für ein Silbergalvanoplastikbad:

in 1 Liter Wasser sind gelöst
50 g Feinsilber als Zyansilber,
150 g Zyankalium.

Die Spannung ist nur eine sehr geringe, anfänglich etwa 0,3 Volt, nachher etwas höher, um auch die Stromdichte erhöhen zu können. Als Anoden dienen starke Silberbleche.

Für ein Goldgalvanoplastikbad verwendet man für:

1 Liter Wasser
30 g Feingold als Chlorgold,
100 g Zyankalium.

Die Spannung beträgt 0,5—0,6 Volt. Als Anoden dienen große Goldbleche. Platinanoden sind hier durchaus unangebracht. In seltenen Fällen wird man den ganzen Niederschlag in brauchbarer Stärke in Gold ausführen. Meist wird derart verfahren, daß nach gutem Bedecken des Negativs mit einem Goldniederschlag nun nach Abspülen der Goldflüssigkeit in einem Kupferplastikbad eine genügende Stärke niedergeschlagen werden kann. Ist dies erfolgt, die Plastik vom Negativ abgenommen und auch sonst fertig gestellt, d. h. überflüssige Metallteile, z. B. Ränder usw. entfernt, wird jetzt im gewöhnlichen Goldbad noch einmal übervergoldet, so daß allseitig dann nur Gold zu sehen ist.

Auch Nickel wird vereinzelt für Galvanos verwendet. Es geschieht dies, wo man sich mit dem Überziehen von Kupferklischees mit Eisen oder Nickel nicht begnügt, sondern das ganze

Klischee aus Nickel anfertigen möchte. Man arbeitet mit kalten oder mit erhitzten Bädern. Die erstern sind einfacher herzustellen, arbeiten aber sehr langsam, es wird z. B. ein Niederschlag von etwa 0,2 mm Stärke erst in mehreren Tagen erzeugt. Um dann doch kräftige Klischees zu erhalten, wird meist in einem Kupferbad verstärkt und auch mit Blei-, Zinn-, Antimonkomposition hintergossen.

Die Zusammensetzung eines kalten Bades ist:

40 g Nickelvitriol,
35 g zitronensaures Natron,
1 Liter Wasser.

Man arbeitet mit 2,5 Volt Spannung und gibt recht große Anodenflächen. Das Bad soll stets neutral bleiben, deshalb muß es unter andauernder Beobachtung mit Lackmuspapier gehalten und eventuell korrigiert werden. Die Badflüssigkeit soll öfters etwas bewegt werden. Es genügt dazu, wenn man die Kathoden innerhalb des Bades, ohne sie von der Zuleitung abzunehmen, etwas hin und her schwenkt. So bleibt die Niederschlagsarbeit bestehen, denn das umgekehrte kann leicht zu einem ganzen Abrollen des Nickelniederschlages führen. Auch bei vorsichtigster Arbeit kommt leider dieser Mißstand vor.

Um erheblich schneller arbeiten zu können, verwendet man warme Bäder, am besten solche mit etwa 90° C. Natürlich lassen sich in diesem Falle keine Guttapercha, Wachs oder dergleichen Negative verwenden. Man fertigt dann hier eine Kupfermatrize an, versilbert sie schwach und übergießt mit Jodlösung, so daß sich eine äußerst dünne Jodsilberschicht bildet, welche das Zusammenwachsen des Kupfers mit dem niederzuschlagenden Nickel verhindert und das leichte Abnehmen der entstandenen Patrize ermöglichen soll. Dies Warmbad enthält sehr viel Nickel und ist zusammengesetzt aus:

350 g Nickelsulfat,
180 g Magnesiumsulfat,
1 Liter Wasser.

Im Gegensatz zum Kaltbad wird das warme Nickelbad stets etwas sauer gehalten, entweder mittels Zitronensäure oder Schwefelsäure, etwa 2,5 g im Liter. Der Säuregehalt soll nur so groß sein, daß eine nicht zu starke Gasentwicklung stattfindet. Mit diesem Bade lassen sich genügend starke Niederschläge in etwa derselben Zeit ausführen, wie dies in Kupferplastikbädern der Fall ist.

Ganz ähnlichen Verhältnissen wie bei den Nickelgalvanoplastiken begegnen wir bei den Eisengalvanoplastiken. In kalten Bädern kann man nur bei ununterbrochenem Betrieb nach tagelanger Arbeit eine etwas brauchbare Plastik, was die Stärke anbelangt, erhalten. Die Badzusammensetzung ist:

150 g Eisenvitriol,
125 g Magnesiumsulfat,
1 Liter Wasser.

Die Spannung beträgt 0,5 Volt. Freie Säure darf nicht vorhanden sein. Die Anoden müssen weiche Schmiedeeisenbleche sein und möglichst groß. Um nicht übermäßige Zeit auf das fertige Stück verwenden zu müssen, hängt man nach Herstellung eines einigermaßen kräftigen Niederschlages zunächst in ein zyankalisches Kupferbad und danach in ein saures, um hier in kurzer Zeit eine durchaus brauchbare Stärke zu erhalten.

Um auch bei Eisengalvanoplastiken in einem Arbeitsgang genügend starke Arbeitsstücke herzustellen, verwendet man stark erhitzte Bäder, welche eine Zusammensetzung haben von:

600 g Eisenchlorür,
660 g Kaliumchlorid,
1 Liter Wasser.

Die Temperatur des Bades ist mindestens 100° C. Durch den ungeheuer reichen Salzgehalt des Bades kann man gut bis 110° C kommen. Das Eisen fällt sehr geschmeidig aus und kann oberflächlich durch Einlegen und Erwärmen in Kohlepulver gestählt und gehärtet werden. Dies Elektrolyteisen besitzt auch hervorragende magnetische Eigenschaften.

II. Herstellung von Metallüberzügen ohne galvanischen Strom.

Wie schon früher ausgeführt wurde, besitzen die verschiedenen Metalle gegeneinander eine verschiedene Stärke oder sie weisen gegenseitig verschiedene Polarität auf — es herrschen zwischen ihnen bestimmte Potentialdifferenzen, auch sagt man, sie besitzen einen verschiedenen Lösungsdruck. So wurde erwähnt, daß metallisches Zink das Kupfer aus dessen Lösungen verdrängt und wiederum das metallische Kupfer das Silber aus seinen Lösungen. Aus der Kenntnis dieser chemisch-physikalischen Vorgänge können Metallüberzüge ohne äußeren galvanischen Strom herbeigeführt werden. Diese Überzüge werden durch Eintauchen, Anreiben, Ansieden oder durch Kontaktverfahren herbeigeführt.

Das Eintauchverfahren beruht darauf, daß ein Metall in die Lösung eines andern Metalles kurz eingetaucht wird. Natürlich muß das eingetauchte Metall eine stärkere Energie besitzen, als dasjenige, welches sich in Lösung befindet. Aus der auf Seite 7 angegebenen Spannungsreihe der Elemente kann man ersehen, welche Metalle gegenseitig in Frage kommen und zwar sind die positiveren, den weniger positiven, bzw. den negativeren gegenüber die stärkeren. Es findet bei dem Verfahren ein Austausch der Metalle statt. Von dem eingetauchten geht oberflächlich ein winziger Teil in Lösung und von dem in Lösung befindlichen wird ein entsprechender Teil ausgeschieden, der sich an die Stelle des in Lösung gegangenen Metalles setzt, also den Gegenstand überzieht. Somit wird also die Lösung nach und nach verbraucht bzw. in eine andere umgewandelt, die dann für einen weiteren gleichen Zweck unbrauchbar geworden ist.

Der Niederschlag ist nur hauchdünn, denn sobald er überhaupt da ist, schützt er das darunter liegende Metall vor weiteren Reaktionen. Gemäß der Schwachheit dieses Überzuges ist natürlich auch dessen Haltbarkeit keine gute, so daß er bei mäßiger Inanspruchnahme des überzogenen Gegenstandes baldigst abgenützt ist.

Bei dem Anreibeverfahren wird das zu überziehende Objekt mit einer das entsprechende Metall enthaltenen Lösung oder auch einem Brei abgerieben, wozu man sich eines Woll- oder Ledertuches bedient. Auch wird mehrfach mittels Pinsel das Reagens aufgetragen.

Werden die Gegenstände in einer erwärmten Lösung der Metallsalze dem Prozeß des Überziehens mit einem anderen Metall unterworfen, so spricht man von einem Ansiedeverfahren. Die Temperaturen bewegen sich hierbei von 30° C bis zur Kochhitze.

Bei dem Kontaktverfahren bedient man sich eines Hilfsmetalles, um die Ausscheidung des gelösten Metalles überhaupt oder schneller zu bewerkstelligen. Man bedient sich dieses Verfahrens vielfach bei Metallgegenständen, welche kaum oder auch gar nicht eine Potentialdifferenz mit dem zu überziehenden Metall aufweisen. Man kann sogar mit Hilfe dieses Verfahrens ein stärker elektropositives Metall mit einem weniger starken Metall überziehen. So können wir z. B. Gold mit Silber oder auch Silber mit Gold überziehen. Man muß dann eben nur den zu überziehenden Gegenstand innerhalb der niederzuschlagenden Metallösung mit einem erheblich stärker elektropositiven Metall in Berührung bringen. Hierzu werden in den meisten Fällen Zink und Aluminium, auch Kadmium, selten Magnesium verwendet. Diese Kontaktmetalle werden in Form von Drähten, Blechstreifen und mehr oder weniger starken Stäben verwendet. Die Berührungsstelle muß mehrfach gewechselt werden, da in der Nähe des Kontaktpunktes der stärkere Niederschlag und an entfernteren Punkten ein äußerst geringer nur entsteht. Daher wird vielfach das Kontaktmetall als Draht um den zu überziehenden Gegenstand gelegt, um so von vorn herein eine größere Anzahl Kontaktpunkte zu schaffen. Will man viele kleine Gegenstände durch Kontakt mit einem Metall überziehen, bringt man sie in ein entsprechend großes halbkugelförmiges Steinsieb mit kleinen Löchern und rührt mit einem starken Metallstab aus Kontaktmasse die kleinen Gegenstände innerhalb der Flüssigkeit solange herum, bis alle Stückchen den gewünschten Überzug aufweisen.

Das Kontaktmetall überzieht sich natürlich auch mit dem ausscheidenden Metall und muß somit möglichst oft davon durch Abschaben usw. gereinigt werden, da es sonst seine Kraft verlieren würde. Es wird dieses Kontaktmetall nach und nach aufgelöst, denn es setzt sich an die Stelle des ausgeschiedenen Metalles und macht demgemäß die Lösung nach und nach unbrauchbar.

Eine Hauptbedingung bei diesen Arbeiten ist auch, daß die zu überziehenden Metalle absolut sauber sind, vor allem von den geringsten Fettspuren usw., die auch leicht durch Berühren mit den Fingern entstehen, frei sein müssen.

a) Verkupferung durch Eintauchen usw.

Viele kleine Gegenstände aus Stahl und Eisen sollen durch einen geringen Kupferüberzug ein etwas wertvolleres Aussehen erhalten, auch Draht aus demselben Material wird in großen Menge diesem Verschönerungsprozeß unterworfen. Man bedient sich dann hier einer Lösung von:

etwa 10 g Kupfervitriol,
10 g Schwefelsäure in
1 Liter Wasser.

Die äußerst gut gereinigten Gegenstände werden nur 1—2 Sekunden in die Flüssigkeit getaucht. Kleine Gegenstände liegen dabei in einem Steinzeugkorb, worin sie innerhalb der Flüssigkeit nur kurz geschüttelt werden. Ein etwas längeres Belassen in der Kupferlösung würde zu einem Mißerfolg führen, denn dann würde sich der Kupferbelag leicht abziehen. Hinterher muß mit reichlich Wasser abgespült werden. Eine andere Methode, um kleine Massenartikel mit einem Kupferüberzug zu versehen ist die, daß man sie in ein rotierendes Faß gibt mit Sägemehl zusammen, welches mit der sauren Kupferlösung stark befeuchtet war, nachdem man letztere noch mit mindestens der doppelten Menge Wasser verdünnt hatte. Will man sehr große Eisengegenstände mit dem dünnen Kupferüberzug versehen, so bürstet man mit dem ebenso befeuchteten Sägemehl mittels Messingbürsten bis zum erreichten Erfolge die Gegenstände ab.

Für Zinkverkupferung ist die saure Kupferlösung unbrauchbar; man muß sich für diesen Fall eine ammoniakalische Lösung herstellen, welche zusammengesetzt ist aus:

200 g Kupfervitriol,
gelöst in 1 Liter Wasser.

Dann setzt man solange Salmiakgeist-Ammoniak hinzu, bis der anfängliche Niederschlag zu einer tiefblauen Flüssigkeit sich wieder gelöst hat; ein geringer Überschuß des Ammoniaks ist vorteilhaft. In diese Lösung werden die bestens gereinigten Zinkgegenstände einen Augenblick unter Schütteln eingetaucht und sofort in Wasser abgespült. Auch für große Zinkgegenstände wird die gleiche Flüssigkeit verwendet, wenn man diese nach gutem Reinigen durch Abreiben mittels Sandpapier oder starken Bürsten mit feuchtem Sand damit kurz abreibt und sofort mit Wasser überspült und trocknet.

b) Vermessingen.

Kleine eiserne Massenartikel wie Knöpfe, Schrauben, Schraubenmuttern usw. werden mittels des Tauch- oder Anreibeverfahrens sehr vielfach mit einem Hauch von Messing überzogen. Die Flüssigkeit hierzu ist zusammengesetzt aus:

4 g Kupfervitriol,
10 g Zinkvitriol,
9 g Zyankali 98 vH,
15 g Ätznatron,
alles zusammen gelöst in 1 Liter Wasser.

Die Ausführung der Arbeit geschieht in gleicher Weise, wie beim Verkupfern angegeben. Wirksamer jedoch arbeitet die Lösung, wenn man einen Aluminiumkontakt anwendet.

c) Versilbern.

Das Versilbern ohne Strom wird in der Praxis noch in sehr großem Maße ausgeübt, denn man erreicht damit auf eine verhältnismäßig einfache und billige Weise den gewünschten Zweck. Besonders die Billigkeit dieses Verfahrens ist in den meisten Fällen ausschlaggebend, wobei allerdings auf eine solide Versilberung kein Gewicht gelegt werden darf. Handelt es sich hier ja doch auch meist um billige Massenartikel wie Ösen, Haken, Knöpfe, Nadeln usw., die ja nur fürs Auge ein etwas besseres Aussehen erhalten sollen. Die Ausführung dieser schwachen Versilberung geschieht auf den verschiedensten Wegen, sowohl durch Eintauchen, Ansieden, Anreiben und mittels Kontakt.

Gegenstände aus Kupfer und Messing werden am einfachsten in eine Lösung getaucht, welche hergestellt wird aus:

5 g Feinsilber als Chlorsilber,
gelöst in 1 Liter Wasser, worin
20 g Zyankali enthalten sind.

Zur Anfertigung dieser Flüssigkeit kaufe man 8 g kristallisiereten Höllenstein, löse ihn in etwa $^1/_2$ Liter Regenwasser auf und gebe solange aufgelöstes Kochsalz hinzu, wie noch ein weißer Niederschlag entsteht. Man läßt nach tüchtigem Umrühren den Niederschlag absitzen, gießt das überstehende meist klare oder noch schwach trübe Wasser ab, gibt wieder Wasser hinzu, rührt um, läßt absitzen und fährt derart etwa fünfmal fort. Hat man zum letzten Male das überstehende Wasser abgegossen, so schütte man die Zyankalilösung darauf und der Niederschlag muß sich vollends zur wasserhellen Flüssigkeit auflösen. Diese ist nun sofort gebrauchsfertig und es können die gut gereinigten und entfetteten Gegenstände eingetaucht werden. Dies darf nur 2—3 Sekunden geschehen unter Hin- und Herbewegen oder Schütteln, falls die Objekte in einem Steinzeugkorb sich befinden. Schöner fällt die Versilberung aus, wenn die Flüssigkeit etwas erwärmt wird auf 30—40° C. Stärkere Erwärmung ist nicht vorteilhaft. Ein längeres Eintauchen ist schädlich. Sollte nach längerer Inanspruchnahme des Bades dieses nicht mehr zur Zufriedenheit arbeiten, so setzt man etwas Zyankalium hinzu, aber lange wird nun das Bad nicht mehr gebrauchsfähig sein. Durch Zusatz von etwas Chlorsilber kann zwar seine Arbeitszeit noch etwas verlängert werden, aber sehr zu empfehlen ist diese Korrektur nicht, denn es sind im Laufe der Zeit auch schon durch die Umsetzung zu viel andere Metalle in die Lösung gekommen.

Objekte aus Stahl und Eisen werden am besten verkupfert und vermessingt, ehe sie der Versilberung unterworfen werden, doch wird auch vielfach ohne diese Überzüge gearbeitet. Als Versilberungsflüssigkeit wird das vorstehende Bad verwendet, dem man pro Liter noch 8 g Ätzkali zugesetzt hat, und nun wird ein Kontakt von Aluminium verwendet. Bei etwas größeren Objekten muß der Kontakt an möglichst vielen Punkten vorhanden sein, oder durch öfteres Wechseln der Kontaktpunkte ein möglichst gleichmäßiges Überziehen erzielt werden.

Ein anderes Verfahren zum Überziehen von kleinen Massenartikeln mit einer dünnen Silberschicht ist das Weißsieden. Hierzu nimmt man 20 g kristallisierten Höllenstein und fällt mit Kochsalz wie oben beschrieben das Chlorsilber aus. Nach dem Auswaschen gibt man 1 kg Weinsteinpulver und 1 kg Kochsalz zum Chlorsilber, gut untereinander gerührt, so daß eine dicke Paste entsteht. Von dieser gibt man in einen Topf mit 3 Liter Wasser etwa zwei starke Eßlöffel voll. Die Flüssigkeit wird fast zum Sieden erhitzt und nun werden die Gegenstände hineingelegt und darin möglichst ununterbrochen umgerührt. Nach kurzer Zeit beobachtet man, ob der Niederschlag durchweg erfolgt ist und damit ist der Ansiedeprozeß beendet. Die Gegenstände werden herausgenommen, in warmem und kaltem Wasser gut abgespült und getrocknet. Je nach der Menge der versilberten Gegenstände wird der Sud schneller oder weniger schnell verbraucht, so daß er erneuert werden muß. Der erfahrene Weißsieder erkennt schon an der mehr oder weniger grünen Farbe des benutzten Sudes, ob noch ein Weiterarbeiten mit demselben angebracht ist oder nicht. Die grüne Farbe rührt natürlich von Kupfer her, das an Stelle des ausgeschiedenen Silbers von den eingetauchten Objekten in Lösung durch Umsetzung gegangen ist.

Die Anreibeversilberung wird vielfach von Gürtlern usw. angewendet, um kleinere Metallteile aus Kupfer und dessen Legierungen zu verschönern. Man stellt sich hierzu eine Paste her, welche auf die betreffenden Metallteile mit einem Leder oder Tuche usw. aufgerieben wird, bis der Silberüberzug vorhanden ist. Ein Mißerfolg ist fast ausnahmslos immer darauf zurückzuführen, daß das Grundmetall vorher nicht genügend gereinigt, vor allem nicht tadellos entfettet war. Das mehrfach geübte Anreiben mit dem Finger ist auch deshalb zu verwerfen, besonders auch dann, wenn eine zyankalihaltige Paste verwendet wird. Man stellt sich eine derartige Paste her, indem man aus einer Lösung von 16 g kristallisiertem Höllenstein das Silber mit Kochsalz ausfällt, auswäscht, in eine Porzellanschale gibt und das Wasser so weit wie möglich abschüttet. Dann verreibt man in einer Reibschale je 10 g Kochsalz, 20 g Pottasche und 20 g Schlämmkreide zu feinstem Pulver, gibt alles zum Chlorsilber und vermischt recht gut. Sollte die am Chlorsilber noch haftende Flüssigkeit nicht ausreichen, daß sich eine knetbare Masse bildet, fügt man zu diesem Zweck noch etwas Wasser hinzu. Mit dieser aufs beste durchgerührten Paste wird dann die Versilberung durch Aufreiben vorgenommen. Man läßt für späteren Gebrauch die Paste nie ganz trocken werden, sondern feuchtet sie von Zeit zu Zeit genügend an.

Verschiedentlich wird auch zu dieser Paste etwas Zyankali gegeben. Dann eignet sie sich besonders gut dazu, um niederlegiertem Silber, welches ein unschönes Aussehen angenommen hat, durch Reiben damit wieder ein schön weißes Aussehen zu geben. Um sonstiges Silber damit zu reinigen oder zu putzen, ist die Paste zu teuer, dafür gibt es billigere Putzmittel.

Ein ganz besonderes Verfahren, um Kupfer- und Messinggegenstände mit einem körnig-matten Überzug von Silber zu versehen, ist das sogenannte Grainieren. Die hierzu bestimmten Gegenstände — fast ausschließlich Uhrgehäuseteile — werden schwach verquickt und darauf wird mittels nicht zu weicher Bürsten unter mäßig starkem Aufschlagen ein äußerst feines Silberpulver eingetrieben, wobei die Bürsten immer wieder in das Silberpulver eingetaucht werden, um so das Übertragen zu ermöglichen. Das zu diesem Zweck verwendete Silber muß einmal von feinster Korngröße sein und muß einen schönen weißen Silberton aufweisen. Durch Auszementieren mittels Zink oder Kupfer aus seiner Lösung läßt sich solches Silber nicht herstellen, es muß vielmehr durch organische Mittel, wie sie z. B. bei den Entwicklungsbädern für photographische Zwecke angewendet werden, ausgefällt werden. Dieses Silberpulver ist jedoch auch im Handel unter der Bezeichnung „argent poudre" zu haben.

d) Vergolden.

Das Vergolden ohne Strom läßt sich zwar durch Eintauch- und Sudverfahren ausführen, jedoch wird dadurch keine besonders schöne Vergoldung erzielt. Viel besser läßt sich dies durch das Kontaktverfahren ausführen. Hierzu bedient man sich einer Lösung die zusammengesetzt ist aus:

50 g phosphorsaurem Natron,
10 g neutralem schwefligsaurem Natron,
1 g Ätznatron,
15 g Zyankalium,
2 g Goldchlorid (enthaltend 1 g Feingold),
1 Liter Wasser.

Als Kontaktmetall verwendet man entweder Zink oder Aluminium in Form von Stäben oder Draht. Dieselbe Lösung kann man auch für Kupfer- und Messinggegenstände als Sudvergoldung benutzen, wenn man sie mit noch der gleichen Menge Wasser verdünnt und zum Kochen erhitzt.

Blank polierte Stahlsachen lassen sich auch schwach vergolden, wenn man sie nach sorgfältigstem Reinigen in eine Lösung von Goldchlorid in Äther taucht, den Äther verdunsten läßt und mit einem weichen Leder reibt, wieder eintaucht usw., bis der schwache, aber oft doch ganz satte, Goldüberzug vorhanden ist.

Die Anreibevergoldung wird an Gegenständen vielfach ausgeführt, die nur an vereinzelten Stellen nicht zu große Goldoberflächen darbieten sollen. Ausgeführt wird sie mit äußerst fein verteiltem Goldpulver. Letzteres kann man sich folgendermaßen herstellen: Man taucht Leinwandläppchen in eine nicht zu schwache Lösung von Goldchlorid, der man etwas Salpetersäure zugesetzt hat, läßt die Läppchen trocknen und verascht sie dann recht vorsichtig, damit das Gold nicht zusammenfrittet, sondern zusammen mit der Asche der Leinwand einen weichen Zunder gibt, welcher sich leicht zu feinem Staub verteilen läßt. Hiervon wird mit einem angekohlten und mit Essigwasser befeuchteten Kork ein wenig aufgenommen und auf die vorbereiteten Stellen des zu verzierenden Gegenstandes unter gelindem Druck aufgerieben. Mit einem Polierstahl kann das Gold Hochglanz erhalten. An Stelle dieses Goldzunders kann man auch chemisch hergestellten, feinsten Goldstaub verwenden, welcher in gleicher Weise wie das Argent poudre mittels Entwicklungsreagentien ausgefällt werden kann und im Handel unter der Bezeichnung „or poudre“ käuflich zu erhalten ist. Mit Hilfe des feinen Silberpulvers und ebenso feinen Kupferpulvers kann man durch Mischen mit dem Goldpulver Nuancierungen von Grüngold über Gelb- und Rosagold bis zum Rotgold herstellen. Das Mischen muß natürlich äußerst sorgfältig vorgenommen werden, damit die fertig gestellte Ware einen absolut gleichmäßigen Ton aufweist. Durch Auftragen solcher verschieden farbiger Mischungen an einem Gegenstand lassen sich recht hübsche Farbeneffekte erzielen.

Die Kontaktmetalle müssen möglichst oft von dem sich ansetzenden Golde durch Abschaben mit einem Messer gereinigt werden, denn sonst ist seine Wirkung aufgehoben. Die abgeschabten Späne werden gesammelt und hat man davon eine nicht zu geringe Menge beisammen, behandelt man sie in einem geräumigen Gefäß mit verdünnter Salzsäure, welche man in kleinen Portionen darauf schüttet. Findet beim weiteren Nachgießen der Säure keine Entwicklung mehr statt, läßt man absitzen, sammelt den geringen Schlamm auf ein Filterchen, trocknet, verascht und erhält dann eine geringe Menge feiner Goldstäubchen.

e) Verplatinieren.

Durch Ansieden lassen sich Kupfer- und Messinggegenstände mit einem Platinüberzug versehen. Hierzu stellt man sich eine Lösung her aus:

20 g Platinchlorid,
120 g Salmiak,
gelöst in 1 Liter Wasser.

Schüttet man die Platinchlorid- und Salmiaklösung in der

Kälte zusammen, so scheidet sich ein gelber Niederschlag von Platinsalmiak aus. Da die Lösung aber in Siedehitze angewendet wird, löst sich in der Wärme der Niederschlag vollständig auf. Die in die heiße Lösung gelegten Gegenstände erhalten nach kurzer Zeit einen grauen Überzug von Platin, der nach dem Herausnehmen, Abspülen und Trocknen der Objekte mit Kreide zu einem helleren Ton aufgeputzt wird.

Eine Kontaktverplatinierung wird ausgeführt in einer Lösung von:

10 g Platinchlorid,
200 g Kochsalz,
in 1 Liter Wasser, dem man so viel Ätznatron zusetzt,

daß sie gut alkalisch ist. Als Kontaktmetall wird Zink verwendet. Bei kurzer Nichtbenutzung, d. h. nach dem Kaltwerden der Flüssigkeit scheidet sich, falls das Kochsalz durch etwas Chlorkali verunreinigt war, wieder gelbes Platinsalz in feinen Kristallen aus, die sich aber bei Wiederbenutzung, d. h. Erwärmen leicht wieder auflösen. Die Waschwässer und die nicht ganz ausgebrauchten Platinlösungen werden sorgfältigst gesammelt, in ein größeres Gefäß gegeben und dazu wird rohe Salzsäure bis zur stark sauren Reaktion und Schmiedeeisenstücke, etwa Teile von Faßreifen, gegeben. Nach ein paar Tagen hat sich ein wertvoller schwarzer Schlamm abgesetzt, welcher abfiltriert, ausgewaschen und getrocknet an eine Scheideanstalt verkauft werden kann. Das Zink, welches als Kontakt dient, muß öfters abgeschabt werden, um immer wieder frisches Zinkmetall mit dem Objekt in Berührung zu bringen. Diese abgeschabten Metallspänchen werden ebenfalls sorgfältigst gesammelt und zur Verwertung gebracht, indem man sie am einfachsten in die mit Salzsäure angesäuerten Waschwässer der Abfüllaugen schüttet.

f) Vernicklung.

Das Überziehen von Metallen mit Nickel ist heute immer noch ein etwas schwieriges Geschäft, denn von den vielen dazu vorhandenen Vorschriften führt keine in einwandfreier Weise zu einem stets befriedigenden Resultat. Es soll aber doch ein Rezept angegeben werden, welches bei bester Reinigung der zu vernickelnden Gegenstände öfters einen leidlich guten Erfolg zeitigt. Man löst:

13,5 g Chlornickel,
20 g Chlorammonium,
10,5 g kristallisierte Soda,
235 g phosphorsaures Natron,
8,5 g kohlensaures Ammoniak,
zusammen in 1 Liter Wasser.

Die Lösung wird etwas erwärmt und die hineingelegten Gegenstände werden ununterbrochen mit einem Aluminiumstab umgerührt. Der Niederschlag fällt etwas dunkel aus und kann durch vorsichtiges Scheuern mit Wiener Kalk einen etwas helleren Ton erhalten.

g) Verzinkung.

Die Verzinkung ohne Strom wird nur noch in sehr seltenen Fällen angewendet, und zwar läßt sie sich auch nur auf Kupfer und Messing gut ausführen, während sie auf Eisen meistens nicht von Erfolg gekrönt ist. Man stellt sich eine konzentrierte Lösung von Ätznatron her, worin man soviel Zinkpulver gegeben hat, daß nach langem Kochen noch ein kleiner Teil desselben ungelöst ist. Hierin werden unter weiterem Kochen die betreffenden Waren gelegt, bis sich der Überzug gebildet hat.

h) Verzinnen.

Eine erheblich große Anwendung findet in der Kleinwarenindustrie das Verzinnen ohne Strom. Aber es werden auch große Gegenstände aus Eisen heute noch vereinzelt durch Kontakt verzinnt in der irrigen Annahme, daß das Zinn einen Rostschutz dem Eisen gegenüber gewähre.

Für kleine Eisengegenstände verwendet man ein Sudbad von der Zusammensetzung:

20 g Ammoniakalaun,
2,5 g kristallisiertes Zinnchlorür,
2,5 g geschmolzenes Zinnchlorür,
gelöst in 1 Liter Wasser.

Die bestgereinigten und entfetteten Eisenteile werden nur kurz in die kochende Lösung getaucht und erhalten dann einen vollständigen Zinnüberzug.

Große Eisengegenstände, welche man nicht in einen Sud tauchen kann, werden durch Anreibeverfahren unter Zuhilfenahme eines Kontaktmetalls folgendermaßen verzinnt. Man löst 50 g

Zinnchlorür und 20 g Weinstein in 1 Liter Wasser. In diese Lösung wird ein weicher Tuchballen oder auch ein Schwamm getaucht, darauf schnell in pulverförmiges Zinkmetall und sofort wird das Eisen damit abgerieben, welches nun den gewünschten Überzug erhält.

Für Kleinmessing- und Kupferwaren wird meist ein Zinnbad benutzt von:

2 g Zinnchlorür,
20 g Weinstein,
1 Liter Wasser.

Das Bad wird zum Sieden erhitzt, die Gegenstände hineingelegt und ununterbrochen mit einem Zinkstab umgerührt, bis alle Ware weiß geworden ist.

Der Zinnüberzug fällt fast immer matt aus, deshalb werden die verzinnten Gegenstände nach dem Trocknen in Scheuertrommeln blank gemacht. Um aber das Verzinnen und Blankscheuern in einem Arbeitsgang zu erreichen, kann man auch folgendermaßen verfahren. In eine Scheuertrommel gibt man Sägemehl, welches stark mit der zuletzt angeführten Lösung (meist gibt man noch 1—2 g Zinnchlorür mehr hinzu) getränkt wurde. Dazu kommen Zinkgranalien und die Ware. Nach nicht zu langem Drehen der Trommel ist die Arbeit geleistet, d. h. die Ware kann verzinnt und mit Glanz versehen herausgenommen werden. Da sich hier an das Zink das an dieses abgeschiedene Zinn nicht fest ansetzt, so wird letzteres leicht durch die stete Bewegung abgerieben werden und das Zink bleibt weiter gebrauchsfähig.

Bei Hertsellung der Zinnlösung wird man oftmals keine klaren Lösungen erhalten. Man kann aber unbeschadet dessen damit arbeiten.

B. Metallfärbungen.

I. Einleitung.

Die Metallfärbung wird aus verschiedenen Gründen ausgeführt und zwar:

1. Zur Verschönerung, um Gegenständen ein gefälligeres Aussehen zu geben, wie dies besonders bei Kunstgegenständen geschieht, z. B. eine Statuette tief schwarz färben.

2. Um die Ware haltbarer zu machen, wie dies vielfach bei Gebrauchsgegenständen vorkommt.

3. Aus reinen Zweckmäßigkeitsgründen; hier handelt es sich auch meist um Gebrauchsgegenstände, wie z. B. Gewehrläufe, welche metallblank nicht zweckdienlich sind, daher brüniert werden.

4. Um Gegenständen aller Art von vornherein ein Aussehen zu geben, wie sie es im Laufe der Zeit durch die Atmosphärilien doch erhalten würden. Es sind dies Färbungen, welche meist von schöner Wirkung sind und demgemäß den neuen Gegenständen möglichst bald verliehen werden sollen. Man spricht hier dann oft auch von Altmachen der Metalle. Hierher ist zu rechnen das Herstellen der grünen Patina (Edelrost) auf kupfernen oder bronzenen Gegenständen, das Altmachen von Zinn usw. Es grenzt allerdings diese Art der Färbung an diejenige, welche auch vielfach ausgeführt wird und zwar

5. Zur Täuschung, wie dies z. B. heute noch Italienreisenden gegenüber geübt wird, indem diesen altgemachte Teile oder ganze Stücke von bronzenen Statuetten u. dgl. als eben aus der Erde gegraben, wo sie Jahrhunderte geruht haben sollen, zum Kauf angeboten werden.

Im allgemeinen muß gesagt werden, daß ein gefärbter Metallgegenstand äußerlich keine derartige Änderung erfahren darf, daß er vollständig seinen Charakter verliert, z. B. soll ein geschmiedetes eisernes Kunstwerk nicht einen Überzug aus Kupfer erhalten, der als solcher bestehen bleibt oder in eine schöne Kupferfärbung geändert wird, denn das würde dem ästhetischen Gefühl zuwiderlaufen und den Anschein erwecken, als ob das ganze Arbeitsstück aus Kupfer hergestellt wäre und somit würde die auf Schmiedekunst bedachte Wirkung vollständig vernichtet sein. Ferner ist zu beachten, daß eine mühsame Oberflächenbearbeitung nie durch eine Oberflächenfärbung verdeckt werden darf; so soll z. B. eine feine Ziselierung nicht etwa unter der Herstellung des meist nicht zu schwachen Überzuges einer grünen Patinierung zum Teil undeutlich werden, wenn nicht gar ganz verschwinden. Diese gleichen Gegenstände dürften auch vorteilhafterweise nicht Färbungen in den dunkelsten Tönen erhalten, um nicht die Feinheit der Ausführung dem Auge schwer zugänglich zu machen. Für die meisten Objekte kann wohl behauptet werden, daß mittlere Töne die besten Wirkungen hervorzubringen imstande sind.

Im allgemeinen erfordern die verschiedenen Metalle für ihre Verfärbungen natürlich die verschiedenartigsten Rezepte und Behandlungen. Aber auch bei ein und demselben Metall sind Verschiedenheiten zu beobachten, z. B. ob dasselbe aus gewalztem, gegossenem oder galvanisch niedergeschlagenem Material besteht oder ob die Oberfläche matt oder glänzend ist. Bei ein und derselben Behandlungsweise mit den gleichen Reagentien werden sich oft wesentliche Unterschiede hier bemerkbar machen. Noch sichtbarer machen sich beim Färben nach dem gleichen Rezept vielfach kleine Unterschiede bei Legierungen derselben Metalle bemerkbar, wie dies öfters bei Messing vorkommt, wenn bei diesem die Zusammensetzung zwischen Kupfer und Zink variiert.

Alle zu färbenden Gegenstände müssen aufs peinlichste gereinigt werden. Zunächst werden sie entfettet durch Ausglühen, Kochen in Natronlauge (10 Minuten) oder Einlegen in Alkohol, Äther, Benzol, Benzin, Tetrachlorkohlenstoff usw. Dann müssen die Oxydschichten mittels Säuren entfernt werden, bei Kupfer und dessen Legierungen durch die Vorbrenne (Salpetersäure mit Zusatz von etwas Kochsalz oder Glanzruß) und dann durch die Glanz- und Gelbbrenne (100 Teile konzentrierte Schwefelsäure + 75 Teile Salpetersäure + ganz wenig Kochsalz und Glanzruß), bei Zink und Eisen durch verdünnte Schwefelsäure, bei Zinn, Blei und Aluminium durch Salzsäure, bei Silber durch Weißsieden, bei Gold genügt meist ein Bürsten mit der Zirkularbürste und Seifenwurzelabkochung. Sonst kann man auch bei den meisten Metallen verdünnte Zyankalilösung anwenden.

Näheres über das Reinigen der Metalle ist in früheren Abschnitten S. 30 bis 42 nachzusehen.

Wie stets, muß nach dem Reinigen mit viel Wasser sofort abgespült werden.

Werden die Gegenstände nach diesem Reinigen nicht sofort dem Färbeprozeß unterworfen, so bewahrt man sie in reinem Wasser auf, dem man 5 g Weinstein pro Liter zugesetzt hat. Selbstverständlich muß vermieden werden, jetzt noch die Objekte mit den Fingern anzufassen. Wo dies absolut nicht zu umgehen ist, soll die Hand immer sehr naß von weinsteinhaltigem Wasser gehalten werden.

Nach dem Färben werden die Gegenstände, sofern sie in einer Flüssigkeit gefärbt waren, in sehr viel reinem Wasser abgespült und dann schnell getrocknet, am besten in warmem, harzfreiem Sägemehl. Fast alle Färbungen erfordern eine kurze Nachbehandlung, da sie sonst tot und unansehnlich ausschauen und nun erst Wärme und Leben erhalten müssen. Die Nachbehandlung besteht meist in Reiben mit Tüchern, weichem Leder, Filz, der Schwabbel usw., eventuell mit Bimsstein, Kalkpulver oder auch mit der Zirkularbürste und Wasser oder Seifenwurzelabkochung. Man will damit öfters an einigen Stellen die Färbung wieder etwas herunternehmen, so daß dort das ursprüngliche reine Metall wieder durchscheinen soll. Vielfach werden die fertigen Gegenstände zaponiert oder auch mit einer Lösung übergossen, die man sich selbst herstellt aus 1 Teil weißem Bienenwachs, gelöst in 15 Teilen Benzol. Man kann sich auch zum Überziehen einen Lack folgendermaßen herstellen. Man löst in 500 g Alkohol 100 g gebleichten Schellack, läßt ein paar Tage absetzen, filtriert und gibt etwa 20 Tropfen Rizinusöl hinzu.

Um den Gegenständen ein lebhafteres wärmeres Aussehen zu geben, genügt öfters schon ein Bürsten mit über Wachs gezogenen weichen Bürsten oder ein Abreiben mit in Öl getauchten weichen Lappen.

Die verschiedenartigsten und besten Färbungen lassen sich auf Elektrolytkupfer erzeugen oder auch auf Silber, deshalb überzieht man andere Metalle, welche sich schlechter färben lassen, entweder mit Kupfer oder mit Silber. Diese Niederschläge müssen aber recht solid und kräftig ausgeführt werden, damit die gefärbte Oberschicht auch noch etwas von dem gefärbten Metall unter sich hat und nicht auf das Grundmetall zu liegen kommt, denn dann würde meist die Färbung nicht festhaften.

II. Kupferfärbungen.

Das Kupfer ist nicht sehr luftbeständig. Es überzieht sich leicht mit einer zunächst sehr dünnen Schicht von Kupferoxydul, die schwach in Regenbogenfarben schillert, bald aber in ein helles Braun übergeht. Nach und nach, besonders an feuchter Luft, wird die Färbung immer dunkler bis zum tiefen Braun. Ist die Luft stark schwefelwasserstoffhaltig, so geht die Färbung schneller vor sich; sie wird dann bald dunkelbraun bis fast schwarz. Ist in der Luft aber viel Kohlensäure vorhanden, so verbindet sich diese mit dem schon entstandenen Kupferoxydul und bildet auf dem Kupfer einen grünen Überzug, den man Edelrost oder echte Patina nennt. Die Bezeichnung Grünspan ist natürlich absolut falsch, denn dieser ist essigsaures Kupfer. Diese verschiedenen Kupferfärbungen entstehen nur sehr langsam und da sie aber meist von schöner Wirkung und somit erwünscht sind, sucht man sie künstlich auf schnellstem Wege zu erzeugen. Dazu verwendet man nun die verschiedensten Mittel und stellt auch mit Hilfe derselben noch eine Reihe anderer Färbungen dar, welche uns die Natur nicht liefern würde.

1. Anlauffarben.

Die einfachste Färbung auf Kupfer erzielt man durch ein Anlaufenlassen desselben. Die primitivste und schnellste Methode ist das Erwärmen des Gegenstandes über oder mit einer Flamme. Dabei ist ziemliche Übung und Geduld erforderlich, denn das Erhitzen darf nur äußerst langsam vorgenommen werden, einmal, um genau den gewünschten Ton zu treffen und dann zu verhindern, daß der etwas schnell gebildete Überzug zu leicht abblättert. Sicherer verfährt man, wenn man das Erwärmen in regulierbaren Muffelöfen vornimmt, und noch vorteilhafter bettet man die zu färbenden Gegenstände in Eisenoxydpulver oder feinstem Sand und erwärmt nun auf ganz bestimmte Temperaturen. Je nach der Höhe der letzteren und der Dauer der Einwirkung treten nacheinander die verschiedensten Färbungen auf und zwar hellorange, rosenrot, violett, stahlgrau, messinggelb, dunkelgelb, orange, blaugrün, fleischrot, hellbraun, dunkelbraun bis schwarz. Die letzteren Farben sind erheblich beständiger als die ersteren, welche im Laufe der Zeit mehr und mehr nachdunkeln.

2. Braunschwarz bis schwarz.

Ein glänzendes Braunschwarz bis Schwarz kann man herstellen, wenn man den Gegenstand schwach, etwa bis handwarm erwärmt und dann mit einer mittelweichen Bürste ein Gemisch von feinstem Eisenoxyd und Graphit tapfer aufbürstet. Je nach dem Verhältnis der beiden Gemischteile wird die tiefdunkle oder rötlicher scheinende Farbe bestimmt. So nimmt man auf 1 Teil Graphit 1—3 Teile Eisenoxyd oder von letzterem noch mehr.

3. Emailähnlicher roter bis brauner Überzug.

In einer Eisenschale, Quarzschale oder auch Porzellanschale wird direkt über der Flamme Natronnitrit (salpetrigsaures Natron) geschmolzen und stark über den Schmelzpunkt erhitzt. Die äußerst gut getrockneten, am besten etwas vorgewärmten Objekte werden 5—10 Minuten oder noch viel länger hineingelegt. Nach dem Herausnehmen läßt man sie entweder erkalten oder gibt sie auch heiß in Wasser, wo der anhaftende Teil der Schmelze sich leicht weglöst. Man kann aber auch auf die sehr stark erwärmten Gegenstände das Nitritsalz streuen, so daß es darauf zum Schmelzen kommt, hiermit fährt man einige Zeit fort und löscht dann in Wasser ab. Die nach diesem Verfahren entstehenden Überzüge haben ein emailartiges Aussehen von kirschroter bis brauner Farbe.

Es ist gut Obacht zu geben, daß mit der Nitritschmelze keine organischen Produkte, wie Holz, Papier oder dgl. in Berührung kommen, weil diese sofort Feuer fangen würden.

4. Tiefschwarz.

Eine schöne tiefschwarze Färbung erzielt man mit der „Schwarzbeize". Hierzu löst man 200 g salpetersaures Kupfer in 65 g destilliertem Wasser und gibt 1 g salpetersaures Silber (Höllenstein) in 10 g destillierten Wassers gelöst hinzu. Die best entfetteten Gegenstände werden damit bestrichen, angepinselt oder darin eingetaucht. Man läßt gut abtropfen und trocknet zunächst über gelindem Feuer, bis die Oberfläche ganz trocken und von dem Kupfersalz unschön grün erscheint. Nun wird stärker erhitzt, bis der ganze Gegenstand schwarz ist. Mit einer nicht zu harten Bürste wird nach dem Erkalten tüchtig abgebürstet und mit einem Tuche stark abgerieben. Ist der Gegenstand beim ersten Male nicht absolut gleichmäßig tiefschwarz, was häufig vorkommt und nichts schadet, wird die Arbeit wiederholt bis ein guter Erfolg, der sich aber fast immer einstellt, erzielt ist. Zum Schluß muß mit einem mit ein wenig Öl getränkten Lappen stark abgerieben werden, um ein lebendiges Tiefschwarz hervorzurufen.

5. Rotbraun.

Man löst 2,5 g Chlorammonium (Salmiaksalz) in 100 g Wasser und befeuchtet oder bepinselt damit die gut entfetteten und mit Spiritus abgeschwenkten Objekte. Hat die Einwirkung ein paar Stunden stattgefunden, und meistens ist dann auch die Flüssigkeit verdunstet, wird nochmals befeuchtet und der Vorgang noch ein- bis zweimal wiederholt. Der zum Schluß meist vorhandene grüne Überzug muß abgerieben werden und man erhält rotbraune Färbungen mit grünlichblauen Nebentönen. Dann muß die Nachbehandlung erfolgen.

6. Opalisierendes Braun.

In gleicher Weise wie vorhergehend kann man die Befeuchtung vornehmen mit einer Lösung von 25 g Kochsalz und 25 g Soda zusammen gelöst in 1 Liter Wasser. Die Befeuchtung muß auch verschiedene Male wiederholt werden und die Einwirkung muß auch jedesmal einige Stunden stattfinden, dann erhält man zum Schluß ein helles opalisierendes Braun. Eine fast gleiche Färbung erhält man, wenn man die Gegenstände in die Lösung einige Tage einlegt, wobei man die Lösung möglichst an einen mäßig warmen Ort hinstellt.

7. Helles Braun.

Ein helles Braun wird erzeugt, wenn man die Objekte mit einer verdünnten Ammoniaklösung in kurzen Intervallen bestreicht. Meist ist nach einigen Stunden der Effekt erzielt.

8. Hell- bis dunkelbraun.

Man löst 40 g chlorsaures Kali, 150 g Kupfervitriol und 2 g übermangansaures Kali in 1 Liter Wasser, erhitzt diese Lösung annähernd zum Kochen und taucht die gut gereinigten Gegenstände hinein, wobei man sie entweder ununterbrochen hin und herschwenkt, oder das Gefäß mit der heißen Lösung in steter schwenkender Bewegung hält. Nach wenigen Minuten erhält man, je nach der Länge der Eintauchdauer, schöne hellbraune bis tief dunkelbraune Färbungen. Ein tagelanges Liegenlassen der Ware in der kalten Lösung gibt zwar braune Färbungen, aber diese nicht so schön.

9. Braun bis tiefdunkelbraun.

Man erwärmt 750 g Wasser zum Kochen und löst zunächst darin 1,75 g Chlorammonium (Salmiaksalz), darauf gibt man 3,5 g Grünspan (essigsaures Kupfer), hinzu, wodurch ein blaßgrüner Niederschlag entsteht. Mit diesem wird die Flüssigkeit solange im schwachen Kochen erhalten, bis nur noch etwa 150 bis höchstens 200 ccm davon vorhanden sind. Nun fügt man 50 g Weinessig hinzu und unterhält das Kochen noch gut 5 Minuten. In den meisten Fällen entsteht jetzt eine hellgrünlichblaue klare Lösung. Sollte jedoch immer noch eine Trübung vorhanden sein, so muß nach Erkalten filtriert werden. Die klare Lösung wird zu 600 ccm verdünnt und ist nun gebrauchsfertig. Zur Verwendung wird diese am besten in einem kupfernen Gefäß wieder zum Kochen erhitzt und die gut gereinigten und mit Alkohol abgespülten Gegenstände 5—10 Minuten oder etwas länger darin hin- und hergeschwenkt oder sonst eine schwache Bewegung, etwa durch Schwenken des Gefäßes usw., ausgeführt. Man erhält jetzt eine angenehme hellbraune Färbung. Soll dieselbe dunkler werden, so behandelt man die mit Wasser gut abgespülten Gegenstände in heißer Natronlauge, spült mit viel Wasser ab und legt nochmals 5—10 Minuten in die heiße Farblösung. Wenn nötig, wiederholt man dies noch einmal. Um noch erheblich dunklere Töne zu erzielen, gibt man das letztemal in die Farbflüssigkeit ein paar Tropfen verdünnte Platinchloridlösung.

10. Braun bis grünlichbraun.

In 1 Liter Wasser werden

30 g essigsanres Kupfer,
50 g essigsaures Ammonium,
und 0,5 g Chlorammonium

gelöst. Hierzu gibt man ein oder zwei Tropfen Ammoniak, erhitzt zum Kochen, und bringt die gut gereinigten Gegenstände 5—10 Minuten hinein. Es gibt braune Färbungen mit einem leichten Stich ins Grünliche. Eine andere Nuancierung erhalten die Färbungen, wenn man noch schwefelsaures Kupfer-Kupfervitriol, etwa 5—15 g pro Liter, hinzugibt. Je mehr man hiervon nimmt, um so dunkler, aber nur in schwachen Abtönungen, fällt die Färbung aus.

11. Dunkelbraun.

Eine dunkelbraune Färbung erhält Kupfer in einer Lösung von

125 g Kupfervitriol,
60 g chlorsaurem Kali,
in 1 Liter Wasser.

Diese Lösung kann kalt angewendet werden, indem man die Gegenstände etwa 24 Stunden darin beläßt. Lauwarm gemacht, kann sie auch angebürstet werden. Am besten und schnellsten geht jedoch die Färbung vor sich, wenn die Objekte in die kochend heiße Flüssigkeit gebracht werden.

12. Dunkelgelblichbraun.

Eine andere Art dunkelbrauner Tönung erzeugt eine kochende Lösung von konzentriertem chlorsaurem Kali, dem man etwas salpetersaures oder auch essigsaures Ammoniak zugesetzt hat. Nach etwa 5 Minuten Einhängedauer ist die Färbung beendet.

Gewalztes Kupfer eignet sich hier weniger gut zum Färben wie Elektrolytkupfer.

13. Tiefdunkelbraun bis schwarzbraun.

Tief dunkelbraune bis schwarzbraune Färbungen erzielt man auf Kupfer mit Eisenchloridlösung nach folgender Arbeitsweise. In 1 Liter Wasser werden 10—20 g Eisenchlorid gelöst und hierin die durch Entfetten und Beizen metallblanken Gegenstände etwa 10—15 Minuten eingetaucht. Danach werden sie mit Wasser gut abgespült und vollständig trocken gerieben. Nun werden sie in das helle Sonnenlicht gestellt und man beobachtet, wie sich die Objekte schnell dunkel färben. Ist der dunkelste Punkt erreicht, so werden sie verschiedentlichster Nachbehandlung unterworfen, entweder indem man sie nur mit einem Ölläppchen abreibt oder sie mit Wachs bürstet, um ihnen mehr Leben zu geben, oder indem man sie behutsam abreibt und besonders an erhabenen Stellen etwas stärker, daß eventuell das Grundmetall schwach durchscheint, und sie dann erst der Schlußbehandlung unterwirft.

14. Graumischfarbig.

Eine Färbung von violett, grau und anderen Mischfarben, die aber für künstlerische Zwecke vielfach sehr erwünscht sind, kann durch eine Lösung von Platinchlorid hervorgerufen werden. Man löst 0,5—5 g davon in 100 ccm Wasser und verwendet die Lösung bei 40—50° C oder aber, man erwärmt den zu färbenden Gegenstand. Kleinere Gegenstände kann man in die Lösung tauchen, während größere damit angepinselt werden. Der Effekt tritt sofort ein.

15. Gelblichmischfarbig.

In gleicher Weise verfährt man mit einer Lösung von Goldchlorid 2—5 g in 1 Liter Wasser. Man erzielt hiermit violette bis rote und grauschwarze Färbungen, die leicht einen Stich in den gelben Goldton erhalten.

16. Grau bis grauschwärzlich.

Wenn man eine nicht zu schwache Lösung von Antimonchlorür, die immer trüb ist, in Wasser mit gerade soviel reiner Salzsäure versetzt, daß eine klare Lösung erfolgt, diese zum Sieden erhitzt und hierin Kupfer eintaucht, so erhält man auf letzteres grau bis schwärzliche Färbungen. Durch Nachbehandlung, wie teilweises Abreiben usw. können dann sehr schöne und künstlerische Effekte erzielt werden.

17. Schwärzlichgrau.

Die gut entfetteten Gegenstände werden in ein geschlossenes Gefäß gebracht, in welchem Schwefelwasserstoffgas entwickelt wird. Zu diesem Zwecke legt man in eine Tasse oder ein Glas eine Anzahl erbsengroße Stücke käuflichen Schwefeleisens und übergießt dieses mit verdünnter Schwefelsäure oder Salzsäure. Es findet sofort eine Gasentwicklung statt, und man stellt das Gefäß in den Kasten oder unter ein entsprechend großes umgestülptes Becherglas, in und unter welchem die zu färbenden Objekte untergebracht sind. Die Färbung ist grau bis grauschwarz und keine sehr intensive, wie dies bei dieser Art Färbung auch meist beabsichtigt wird, es soll vielmehr nur eine nicht zu starke Wirkung ausgeübt werden, so daß das Grundmetall noch vielfach zu erkennen ist. Will man indessen auch hier eine intensivere Färbung erzielen, so läßt man die

Gegenstände der Einwirkung entsprechend lange ausgesetzt und befeuchtet sie eventuell auch etwas mit Wasser. An Stelle des Entwicklungsgefäßes des Schwefelwasserstoffgases kann man auch ein Schälchen mit Schwefelammonium in den Kasten usw. stellen. Dieses atmet auch Schwefeldämpfe aus und bewirkt dann ebenfalls diese schwachen Färbungen. Schneller und auch intensiver entstehen die Färbungen, wenn man die Gegenstände mit verdünnter Schwefelammoniumlösung anpinselt.

18. Schwarzfärbung (meist Oxydierung genannt).

Das am meisten angewendete Verfahren zur intensiven Schwarzfärbung ist das Eintauchen in Schwefelleberlösung. Die sogenannte Schwefelleber ist eine Verbindung von Kalium mit einem erheblichen Überschuß von Schwefel, welcher sich sehr leicht vom Kalium trennt, somit sehr schnell und leicht an andere Metalle übergeht und die Färbungen verursacht. Man löst 15—25 g Schwefelleber und 10 g Salmiaksalz in 1 Liter Wasser, erhitzt fast zum Sieden und taucht für einige Sekunden die Objekte hinein. Auf Kupfer erhält man dann sofort dunkelgraue bis schwarze Färbungen. Diese Färbungen werden auch ausgeführt, um sogenanntes Altkupfer herzustellen. Die gefärbten Gegenstände werden trocken mit feinstem Bimssteinpulver oder Blutsteinpulver bis zur gewünschten Tönung abgerieben. Man kann auch verdünnte Zyankali- oder Weinsteinlösung zur Abtönung verwenden. Es muß dann mit äußerst reichlichem Wasser nachgespült werden.

19. Schwarzfärbung mit Schlipp'schem Salz.

Eine andere Art, schwärzliche Färbungen durch Bildung von Schwefelmetallen zu erzeugen, ist die Verwendung von Schlippschem Salz. Es ist dies ein Natriumsulfantimoniat, von dem man 50—80 g in 1 Liter Wasser löst. Man erhitzt zum Sieden und hängt oder legt die Objekte hinein. Je nach der Länge des Eintauchens oder Einhängens oder auch je nach der Verdünnung der Flüssigkeit entstehen die verschiedensten Töne. Auch kann man durch Nachpolieren und Abreiben noch sehr verschiedene Nuancierungen erzielen. Die Lösung des Schlippschen Salzes wird selten absolut klar, vielmehr meist trüb sein. Man kann aber unbeschadet der Trübung damit arbeiten, ohne erst zu filtrieren.

Eine ähnlich zusammengesetzte Flüssigkeit, wie die Schlippsche Salzlösung und auch in der Wirkung dieser ähnlich, erhält man, wenn man ein wenig Goldschwefel (das ist Schwefelantimon) in verdünnte Natronlauge oder in Ammoniakwasser einträgt und zum Sieden erhitzt. Die hierin eingelegten Gegenstände verfärben sich je nach der Stärke der Lösung sofort oder erst nach kurzer Zeit. Selbst bei äußerst starker Verdünnung erhält man nach minutemlangen Belassen der Objekte darin sehr brauchbare Färbungen.

20. Lüsterfarben.

Um Lüsterfarben auf Kupfer zu erzeugen, wendet man das Lüsterbad an, welches man zusammensetzt, wenn man 125 g Fixiersalz (unterschwefligsaures Natron) und 50 g Kupfervitriol je in $^1/_2$ Liter Wasser löst und zusammenschüttet. Zum Kochen erhitzt erhalten die hineingetauchten Objekte darin die in den verschiedensten Farben schillernden Lüsterfarben. An Stelle von Kupfervitriollösung kann man auch 40 g Bleizucker gelöst in $^1/_2$ Liter Wasser verwenden, oder man kann dafür auch in der Lösung des unterschwefligsauren Natrons solange Antimonchlorür unter beständigem Rühren tropfenweise zusetzen, als die Lösung klar bleibt. Erhitzt man das Lüsterbad nur auf etwa 60—70 ° C, so geht der Färbungsprozeß etwas langsamer vor sich, so daß man den Vorgang genauer beobachten und im geeigneten Moment unterbrechen kann.

21. Edelrost.

Ein weit angewendeter Zweig der Färbung bzw. Verschönerung des Kupfers ist das Überziehen desselben mit der grünen Patina oder dem Edelroste. Die Ausführung dieser Färbung wird derart vorgenommen, daß man die Objekte entweder in die Farbflüssigkeit eintaucht oder damit bepinselt. Dann läßt man an einem mäßig warmen Ort trocknen und wiederholt die Operation so oft, bis sich eine genügend starke Schicht des grünen Überzugs gebildet hat, welche dann zum größten Teil, besonders an den erhabenen Stellen, wieder bis zu einer möglichst dünnen Schicht oder fast ganz abgebürstet wird, jedoch in den Vertiefungen in starker Schicht stehen gelassen werden muß. Die für diesen Zweck bestimmte Farbflüssigkeit besteht aus ziemlich viel Essigsäure, worin etwa pro Liter 20—25 g Salmiaksalz (Chlorammonium) gelöst sind. Außerdem kann man zur Nuancierung des grünen Beschlags kleine Mengen Grünspan (essigsaures Kupfer), Kochsalz, salpetersaures

Kupfer, Oxalsäure, oxalsaures Kali, essigsaures Ammonium, kohlensaures Ammonium oder Weinstein, auch etwas arsenige Säure und Zinkchlorid hinzugeben. Von diesen Zutaten kann man einzelne oder auch mehrere zusammen anwenden, um so die verschiedenartigsten Farbtönungen zu erhalten. Im allgemeinen haben diese ein mehr oder minder gelbgrünes Aussehen. Will man jedoch eine mehr in blau gehende Färbung erhalten, so verfährt man folgendermaßen. Ist zum letzten Male die Farbflüssigleit vertrocknet, so betupft man den grünen Überzug mit einer Lösung von kohlensaurem Ammon in Wasser und läßt wieder trocknen.

Eine blaugrüne Patina kann man direkt hervorrufen, wenn man die Gegenstände in verdünnte Salpetersäure taucht oder damit anpinselt und dann die Feuchtigkeit eintrocknen läßt.

Die natürliche echte Patina ist in der Hauptsache basisch kohlensaures Kupfer und am nächsten kommt ihr diejenige, welche man erhält, wenn man den Gegenstand mit einer fünffach verdünnten Lösung der Essigsäurefärbflüssigkeit bestreicht und dann in einen Kasten legt, in welchen man aus Marmor und Salzsäure oder aus Soda und Essigsäure Kohlensäure entwickelt. In diesem Kasten läßt man die Objekte mehrere Tage liegen, nimmt sie heraus, läßt sie vollends trocknen und wiederholt das Verfahren so oft, bis der gewünschte Überzug, d. h. die hellgrüne Patina, vorhanden ist. Soll diese Patina einen dunkleren Ton erhalten, so stellt man in den Kasten noch ein Schälchen mit sehr stark verdünntem Schwefelammonium auf, damit neben den Kohlensäuregasen auch Spuren von Schwefelwasserstoffgas vorhanden sind und ihre Wirkung ausüben können.

Die hoch kupferhaltigen Legierungen Bronze (Kupfer-Zinnlegierung) und Messing (Kupfer-Zinklegierung), werden vielfach in gleicher Weise gefärbt, wie das reine Kupfer, aber alle diese Färbmethoden sind doch nicht anwendbar, denn bei einigen würde ein volles Versagen eintreten.

III. Bronzefärbungen.

Für Bronze sind folgende Farbrezepte anwendbar:

Nr. 2 zur Braunschwarz-Schwarzfärbung,

Nr. 4 zur Tiefschwarzfärbung,

Nr. 8 für kastanienbraun-dunkelbraun,

Nr. 10 für braun,

Nr. 14 für Mischfarbe von violett bis dunkelgrau, sowie

Nr. 15 ähnlich wie Nr. 14, diese beiden besonders für Bronze geeignet.

Nr. 20 für Lüsterfarben und

Nr. 21 für grüne Patina oder Edelrost. Es ist bei Bronze für Lüsterfarben die Färbflüssigkeit aus unterschwefligsaurem Natron und Bleizucker zu verwenden und besonders Obacht darauf zu geben, daß die Objekte gleichmäßig von der Flüssigkeit bedeckt werden.

Eine stark ins Graue gehende grüne Patina auf Bronze erzielt man mit einer Färbflüssigkeit, welche zusammengesetzt ist aus:

20 g salpetersaurem Kalk,
30 g Quecksilberchlorid,
30 g Zinksulfat (schwefelsaurem Zink),
1000 g Wasser.

Bei Kunstgegenständen aus Bronze wird die künstliche Patina oft wieder recht weit abgerieben, damit der wahre Charakter des ganzen Gegenstandes als echte Bronze leichter zu erkennen ist im Gegensatz zu anderen weniger wertvolleren Metallkompositionen.

IV. Messingfärbungen.

Für Messing einschließlich Tombak sind eine große Anzahl der Vorschriften zum Kupferfärben verwendbar und zwar:

Nr. 2 zur Braunschwarz-Schwarzfärbung,

Nr. 4 zur Tiefschwarzfärbung, jedoch wird für Tiefschwarzfärbung auf Messing meist die unter Nr. 22 angegebene Messingschwärze angewendet.

Nr. 10 für goldgelbe Färbung,

Nr. 14 und Nr. 15 für Violettgrau und Mischfarben,

Nr. 20 für Lüsterfarben. Man wendet hier die Zusammensetzung von unterschwefligsaurem Natron mit Bleizucker an und erhitzt nicht ganz zum Kochen. Es zeigen sich dann nach dem Hineintauchen der Messingwaren zunächst goldgelbe, dann hellrot violette, kurz darauf tiefblaue und dann hellstahlblaue bis graue Töne. Der Färbeprozeß ist in wenigen Minuten ausgeführt. Die Färbflüssigkeit hält sich nicht lange und muß nach nicht zu langer Zeit erneuert werden.

Nr. 21 für grüne Patina, die jedoch nicht so schön ausfällt wie auf Kupfer oder Bronze, da das Messing je nach seiner Zusammensetzung nur schwer von der Färbflüssigkeit angegriffen wird. Am sichersten erhält man hier die schöne grüne Patina, wenn man die Gegenstände erst stark verkupfert.

22. Messingschwärze.

Eine in der Praxis viel verwendete Flüssigkeit zum Schwarzfärben des Messings ist die sogenannte „Messingschwärze". Diese wird hergestellt, indem man in eine Flasche mit eingeschliffenem Stopfen 750 g Salmiakgeist (Ammoniak) von 0,96 spez. Gewicht und 100 g kohlensaures Kupferoxyd oder auch reines Bergblau gibt. Man schüttelt die Flasche so oft wie möglich tüchtig um, damit sich das Kupfersalz löst. Erst nach ein paar Tagen ist die Beize zu verwenden. Man schüttet die tiefblaue klare Lösung von einem noch ungelöst gebliebenen geringen Rückstand ab und setzt 150—200 g Wasser hinzu. Jetzt ist die Beize gebrauchsfertig und man kann die gut gereinigten Messinggegenstände in die nicht erwärmte Lösung eintauchen und hin- und herbewegen. Nach 2—3 Minuten ist die Färbung eingetreten und nun wird in Wasser gut abgespült und getrocknet. Die Beize ist nicht zu lange haltbar, doch kann sie bei nachlassender Wirkung noch etwas durch Zusatz von Salmiakgeist aufgefrischt werden.

Wenig zinkhaltiges Tombak, Bronze, Kupfer und Neusilber lassen sich mit der Messingschwärze nicht färben, wohl aber ganz ausgezeichnet das gewöhnliche Messing mit dem reichlichen Zinkgehalt von etwa 30 vH. Die Schwarzfärbung haftet vorzüglich und ist gut beständig. Fällt die Färbung nicht mehr schön schwarz, sondern bräunlich aus, so nützt auch ein längeres Eintauchen nichts mehr und die Schwärze ist abzusetzen. Die nicht gut gefärbten Gegenstände müssen durch verdünnte Salpetersäure gezogen werden, um zunächst wieder den hellgelben Messington zu erhalten, dann in Wasser gut abgespült, können sie nun erst wieder in eine frisch bereitete Messingschwärze gebracht werden.

Sehr gute dekorative Wirkungen werden erzielt, wenn man die schön schwarz gefärbten Gegenstände zum Teil mit Decklack versieht und zwar an Stellen, die diesen schwarzen Überzug behalten sollen, und nach genügender Trocknung derselben mit verdünnter Salpetersäure die freigebliebenen Stellen metallblank, d. h. gelb beizt. Entweder kann man nun nach gutem Abspülen mit Wasser diese Stellen gelb lassen oder auch in einem Silberbade mit einem weißen Überzug versehen. Man kann natürlich auch einen Teil des durch Salpetersäure metallblank gebeizten Messings weiter mit Decklack versehen und nun den noch frei gebliebenen Teil versilbern, so daß man nach Weglösen des gesamten Decklacks drei schöne Farben nebeneinander auf demselben Gegenstand hat.

23. Hellgelb bis bläulichgelb.

Je nach der Zusammensetzung des Messings (verschiedenes Verhältnis von Kupfer zum Zink) erhält man eine hellgelbe bis bläulichgelbe Färbung in einer Lösung von

10 g doppelchromsaurem Kali (Kaliumbichromat),
10 g chlorsaurem Kali,
10 g übermangansaurem Kali und
50 g Kupfervitriol,
zusammen in 1 Liter Wasser.

Man erhitzt auf 60—80° C und kann beim Eintauchen nach nicht zu langer Zeit die allerdings nicht zu starken Färbungen beobachten.

24. Grau bis irisierend.

Legt man Messinggegenstände in schwach erwärmte Eisenchloridlösung, so erzielt man graue bis irisierende Töne.

25. Grau bis Grauschwarz.

Eine Lösung von 10 g Eisenvitriol und 10 g arsenige Säure in 120 g Salzsäure gibt für Messing graue bis grauschwarze Färbungen.

26. Bronzeton.

Um dem weniger wertvollen Messing annähernd die Farbe der echten Bronze zu geben, legt man die Gegenstände in eine Lösung von 50 g kristallisierten Grünspan und 25 g Salmiakgeist in 150 g Essig, die man dann zu 1 Liter Wasser verdünnt. Hierin verbleibt die Ware 1—2 Tage, je nachdem die Färbung mehr oder weniger stark aufgetreten ist.

V. Silberfärbungen.

Hier handelt es sich fast nur darum, dem Silber ein graues bis tiefschwarzes Aussehen zu geben, oder wie in der Praxis meist gesagt wird, Altsilber zu erzeugen oder es zu oxydieren. Am einfachsten läßt sich Altsilber nach Nr. 2 herstellen, wobei dann aber nur reiner Grahpit angewendet wird. Sehr geeignet und für künstlerische Zwecke besonders zu empfehlen ist das Verfahren nach Nr. 17, wonach in einer Schwefelwasserstoffatmosphäre das Silber gut den Altsilberbeschlag erhält. Es läßt sich dann durch eine geschickte Nachbehandlung der Effekt wesentlich steigern. Um ein Schwefeln des Silbers — fälschlich als Oxydieren bezeichnet — vorzunehmen, wobei tiefblauschwarze Färbungen erzeugt werden, bedient man sich des Verfahrens nach Nr. 18, doch nimmt man hier öfters an Stelle des Salmiaksalzes in gleicher Menge kohlensaures Ammonium. Wünscht man die sogenannte Oxydierung in einer intensiveren Schwarztönung auszuführen, so verquickt man die Gegenstände, wie dies im Kapitel über elektrolytische Silberniederschläge (S. 75) ausgeführt wurde.

27. Hell- bis dunkelgrau.

Echtsilberwaren werden hell- bis dunkelgrau gefärbt durch Eintauchen in eine erwärmte Lösung von etwa 20 g Eisenchlorid in Wasser, worauf man abspült, gut trocknet und nun etwa 10 Sekunden in verdünnte Natronlauge taucht. Je weniger Kupfer dem Silber zulegiert war, um so heller fällt die Färbung aus. Bei versilberten Waren, wo der Überzug aus Feinsilber besteht, ist die Tönung bräunlichgrau.

28. Graue bis Lüsterfarben.

Silberwaren in Bromwasser getaucht, gut abgespült und getrocknet, erhalten graue bis Lüsterfarben.

Lüsterfarben entstehen auch auf Silber nach Nr. 20 mittels Lösung von unterschwefligsaurem Natron und Bleizucker.

29. Kirschrot.

Löst man 100 g Kupferchlorid und 100 g Eisenchlorid in etwa 1 Liter Wasser und benutzt diese Lösung als Elektrolyt derart, daß man darin den zu färbenden Silbergegenstand als Anode (+ Pol) und ein Platinblech als Kathode (— Pol) einhängt, so erhält man zunächst eine schwache Färbung. Trocknet man den Gegenstand und erwärmt ihn schwach, so zeigt sich eine helle kirschrote Farbe. Der Strom soll mindestens eine Spannung von 2 Volt, aber nicht über 4 Volt haben. Die Dauer der Einwirkung des Stromes beträgt 1—3 Minuten.

Auch die Methoden des Färbens nach Nr. 14 und Nr. 15 mittels Platinchlorid- und Goldchloridlösung werden für Silber angewendet. Je nach der Stärke der Lösungen erfolgen hellere oder dunklere Graufärbungen. Goldchlorid gibt leicht den ins Gelbe gehenden Goldton.

VI. Gold bzw. dessen Legierungen.

werden keinem eigentlichen Färbeverfahren unterworfen, mit Ausnahme des S. 47 angegebenen Verfahrens, wo an der Oberfläche von Schmucksachen ein reiner Feingoldton gewünscht wird.

VII. Eisenfärbungen.

30. Anlauffarben.

Sehr viele Stahl- und Eisensorten erhalten durch Anlauffarben eine Tönung von gelb bis dunkelblau. Sie werden auf glanzpolierten Gegenständen, wie Messer, Pinzetten, Scheren, Sägeblätter usw. erzeugt, meist in bestimmten Temperaturen. So erfolgen im allgemeinen folgende Farben bei

220°	blaßgelb,	288°	hellblau,
255°	braungelb,	293°	kornblumenblau,
277°	purpurfarbig,	320°	dunkelblau.

Beläßt man jedoch einen Gegenstand recht lange in einer bestimmten Temperatur, so nimmt er auch nach und nach die Färbung einer höheren Temperatur an. Um die genauen Temperaturen zu erhalten, erwärmt man sehr feinen Sand in dazu bestimmten Kästen und beobachtet mit einem Thermometer oder man stellt sich Blei-Zinnlegierungen her, deren genauen Schmelzpunkt man kennt, z. B.:

7	Gewichtsteile	Blei	und	4	Gewichtsteile	Zinn	für	220°
14	„	„	„	4	„	„	„	255°
40	„	„	„	4	„	„	„	277°
48	„	„	„	4	„	„	„	288°
50	„	„	„	2	„	„	„	293°
50	„	„	„	1	„	„	„	320°

Die polierten Eisenteile werden dann entweder kurze Zeit in den auf die bestimmte Temperatur erhitzten Sand vergraben oder in die flüssige Legierung, welche nicht über den Schmelzpunkt erhitzt wird, getaucht. Sollen dann auf den derart angelassenen Gegenständen aus dekorativen Zwecken helle Stellen, Zeichnungen usw. des Eisens oder Stahls erscheinen, so deckt man die gefärbt bleiben sollenden Teile mit Decklack ab und übergießt mit erwärmtem Weinessig, wodurch die Anlauffarbe auf den bloßliegenden Stellen verschwindet.

31. Tiefschwarz mittels direkten Einbrennens.

Kleine Eisenteile werden tiefschwarz gefärbt, wenn man sie recht gut gereinigt in eine drehbare Eisentrommel, ähnlich einer Kaffeebrenntrommel, einträgt, worin sich mit Leinöl getränktes Sägemehl befindet. Dann wird die Trommel erhitzt und fortwährend gedreht. Die Erhitzung muß allmählich so weit getrieben werden, daß sich das Sägemehl zersetzt und zu einem kohligen Pulver wird. Natürlich findet dabei eine starke Entwicklung von Qualm statt. Durch mehrmaliges Nachschauen nach Öffnen der Trommel kann man dann den Endpunkt der Operation feststellen.

32. Tiefschwarz mittels Anreibens und Einbrennens.

Eine andere Art Schwarzfärbung ist folgende. Wachs wird mit Terpentinöl und Lampenruß zu einem Brei angerieben, der auf das Eisen aufgetragen und durch allmähliches und zum Schluß starkes Erhitzen eingebrannt wird. Das Verfahren muß meist ein- bis zweimal wiederholt werden, um einen gleichmäßigen Überzug zu erzielen. Mit einem Öllappchen wird dann die matte Färbung zur besseren Belebung abgerieben.

33. Brünieren.

Eine wichtige Rolle in der Eisenwarenindustrie spielt auch das Brünieren der Waren, besonders von Gewehrläufen u.dgl. Zu diesem Zweck existieren eine große Menge Vorschriften, welche wohl größtenteils zum Ziele führen. Eines der meist angewendeten und einfachsten Verfahren ist folgendes. Man vermischt 4 Teile Spießglanzbutter, das ist flüssiges Antimonchlorür, mit 1 Teil Olivenöl, indem man dieselben in einer Flasche tüchtig durcheinanderschüttelt. Damit bestreicht man recht gleichmäßig die gut gereinigten Eisenteile, welche recht stark angewärmt wurden. Dann wartet man einige Tage, reibt tüchtig ab und wäscht mit Wasser das gebräunte Metall rein. In den seltensten Fällen ist es notwendig, die Arbeit nochmals zu wiederholen. Zum Schluß wird mittels Polierstahl glatt gerieben und gewachst.

In sehr vielen Fällen werden auch Färbungen auf Eisen vorgenommen, indem man dieses im zyankalischen Bade recht stark verkupfert und nun eine der vielfältigsten Kupferfärbungen in Anwendung bringt.

VIII. Zinnfärbungen.

Neuen Waren aus Zinn, besonders Kunstgegenständen, wie Teller, Krüge usw., will man vielfach ein älteres Aussehen verleihen. In den allermeisten Fällen beschränken sich die Zinnfärbungen auf diesen Zweig, zumal der Charakter als Zinnmetall stark gewahrt bleiben soll. In wenigen anderen Fällen wird man am vorteilhaftesten das Zinn stark verkupfern, um darauf irgendwelche Färbungen anzubringen.

34. Grau bis grauschwärzlich.

Eine graue bis grauschwärzliche Färbung erhält man auf Zinnobjekten, wenn man sie in eine Lösung taucht von

25 g essigsaurem Kupfer,
6 g Salmiaksalz,
50 g Essig
in 1 Liter Wasser, außerdem noch versetzt mit
100 g Salzsäure.

Man schwenkt die Gegenstände darin solange hin und her, bis der gewünschte Ton erzielt wurde.

35. Blaugrau bis schwarz.

Entweder verdünnte Palladiumchloridlösung oder Platinchloridlösung, auf Zinn aufgepinselt, erzeugt blaugraue und braune Färbungen. Allerdings kommen diese Färbungen sehr teuer zu stehen.

IX. Nickel.

Nickel und Nickellegierungen, wie Neusilber usw., Blei, Britanniametall usw. können vorteilhaft nur gefärbt werden, wenn man sie erst stark verkupfert und nun einem Kupferfärbeverfahren unterwirft.

GPSR Compliance

The European Union's (EU) General Product Safety Regulation (GPSR) is a set of rules that requires consumer products to be safe and our obligations to ensure this.

If you have any concerns about our products, you can contact us on ProductSafety@springernature.com

In case Publisher is established outside the EU, the EU authorized representative is:

Springer Nature Customer Service Center GmbH
Europaplatz 3
69115 Heidelberg, Germany

Batch number: 10704701

Printed by Printforce, the Netherlands